合成孔径雷达海上舰船遥感探测技术与应用

陈　鹏　范开国　李晓明　　著
南明星　顾艳镇　张晓萍

海洋出版社

2019 年·北京

图书在版编目(CIP)数据

合成孔径雷达海上舰船遥感探测技术与应用／陈鹏,范开国等著.—北京:
海洋出版社,2019.3

ISBN 978-7-5210-0282-9

Ⅰ.①合…　Ⅱ.①陈…　Ⅲ.①合成孔径雷达-应用-海洋遥感-
遥感技术　Ⅳ.①TN958②P715.7

中国版本图书馆 CIP 数据核字(2018)第 285202 号

丛书策划:郑跟娣

责任编辑:赵　娟

责任印制:赵麟苏

海洋出版社出版发行

http://www.oceanpress.com.cn

北京市海淀区大慧寺路 8 号　邮编:100081

北京朝阳印刷厂有限责任公司印刷　新华书店北京发行所经销

2019 年 3 月第 1 版　2019 年 3 月第 1 次印刷

开本:787 mm×1092 mm　1/16　印张:12　彩页:2

字数:230 千字　定价:95.00 元

发行部:62132549　邮购部:68038093　总编室:62114335　编辑室:62100068

海洋版图书印、装错误可随时退换

前　言

　　21 世纪是海洋的世纪，也是世界航天活动蓬勃发展的新世纪。海洋和卫星遥感是重要的发展领域和科技发展的前沿技术阵地。当前，随着国家大力推动"海洋强国"战略和"海上丝绸之路"建设，我国海洋安全战略地位日益突出、海洋权益争端更加激烈。捍卫祖国主权、保卫领土安全，迫切需要提高我国海洋监测与监视能力，这也是海洋科学界面临的一项重要任务。

　　海上舰船遥感探测是海洋监视的重要内容，合成孔径雷达（SAR）具有全天时、全天候、高分辨率、宽刈幅的海洋监测优势，已成为海上船舰遥感探测的有效手段之一，SAR 海上舰船遥感探测亦成为 SAR 海洋遥感领域的研究热点和 SAR 遥感数据最重要的海洋监测应用之一，受到世界各国的广泛关注。

　　目前，围绕 SAR 海上舰船遥感探测研究的专著已有一些，但各有侧重。本书主要综合作者及其研究团队近年来 SAR 海上舰船遥感探测研究成果，从 SAR 海上舰船遥感成像机理、SAR 海上舰船遥感图像特征、海上舰船目标与尾迹遥感探测、海上舰船特征参数遥感探测、海上舰船目标遥感分类识别等方面，系统介绍了准实用化的单极化 SAR 海上舰船遥感探测技术与应用。本书的撰写注重理论和实际应用的结合，便于读者系统掌握理论知识和开展实际应用。随着我国 SAR 卫星遥感技术的不断发展，对于推动多波段、多（全）极化 SAR 和极化干涉 SAR 海上舰船遥感探测研究的深入开展和我国 SAR 海洋遥感业务化应用具有重要意义。

　　本书由范开国和陈鹏执笔完成初稿的撰写，王亚锋、史爱琴、付春龙、李春霞、李晓明、张晓萍、胡晓华、南明星、施英妮、顾艳镇和郭飞（以姓氏笔画为序）等参加了本书部分章节的修改，陈鹏和范开国完成了本书的校订。在本书撰写过程中，自然资源部第二海洋研究所、国家卫星海洋应用中心、中国海洋大学和中国科学院遥感与数字地球研究所、中国人民解放军 32021 部队、中国人民解放军 61741 部队、中国人民解放军 91039 部队等单位的领导和同事给予了支持和鼓励；本书的出版得到国家自然科学基金（No. 41606107，No. 41576168，No. 41476088）、山东省自然科学基金（No. ZR2017LD014）和卫星海洋环境动力学国家重点实验室开放基金的联合资助。谨此表示衷心的感谢。

由于作者水平有限，书中难免出现错误和不当之处，欢迎读者指正。

作　者

2019 年 2 月 10 日

目　　录

第 1 章
引　言

海上舰船是人类在海洋上活动的平台，同时也是海洋上最活跃的因子之一，人类通过舰船来探索海洋，同时也通过舰船来控制海洋。每天在海洋上活动的舰船不计其数，它们进行着运输、勘测、遥测、科考和军事等诸多方面的工作。

海上舰船的监测与监视是世界各沿海国家的传统任务，通过海上舰船监测，能够随时快速准确地获得海上舰船的位置，进而获得舰船的大小、类型、航向和航速等信息。海上舰船目标监测，特别是海上舰船分类识别，在海上交通运输、渔业管理、海洋权益维护等方面，以及在国防事业发展、领土保卫等军事领域均起着重要的作用。因此，迫切需要提高海上舰船的海洋监测与监视能力。

我国是海洋大国，海洋资源丰富，拥有漫长的海岸线和大面积的海上专属经济区，并且我国周边海洋军事环境恶劣，迫切需求新的海上舰船监测与监视手段。随着卫星遥感探测技术的发展，越来越多的可见光、热红外和合成孔径雷达（SAR）卫星遥感信息被用于海上舰船的遥感探测与分类识别。但是，由于可见光和热红外受自然条件制约较大，无法开展全天时、全天候的海上舰船遥感探测。工作在微波波段的 SAR 具有全天时、全天候、高分辨率、宽刈幅海洋表面遥感成像优势，成为海上舰船遥感探测的最有效手段之一，SAR 海上舰船遥感探测已成为 SAR 海洋遥感领域的研究热点，是 SAR 遥感数据最重要的海洋监测应用之一，受到世界各国的广泛关注（Richard et al.，2001）。

星载 SAR 海上舰船遥感探测研究已有近 40 年的历史。自 1978 年美国宇航局发射 Seasat-1 卫星以来，科学家们获得了大量高分辨率的 SAR 遥感图像，船体及其船尾迹在一些遥感图像中清晰可见。世界各国对利用 SAR 进行海上舰船及其尾迹检测都十分重视，SAR 海上舰船遥感探测能力迅速引起了各国的高度关注，并相继投入了大量的人力和财力开展了 SAR 遥感图像海面背景分布研究（Jakeman et al.，1973，1976；Ward，1981；Jao，1984；Sekine et al.，1990；Quelle et al.，1993；Lombardo et al.，1994，1995；Jahangir et al.，1996；Roberts et al.，2000）、海上舰船遥感探测和分类识别技术研究（Eldhuset，1988；Henschel et al.，1998；Jiang，2000；Vachon et al.，2000；Kourti et al.，2001；Schwartz et al.，2002）。其中，SAR 海上舰船遥感探测技术发展相对成熟，可归纳为两大类，即基于参数化的阈值探测技术和非参数化的探测技术，并且精度可达到80%以上。而 SAR 海上舰船目标遥感分类识别技术，尚未达到实际应用的水平。

目前发展的 SAR 海上舰船检测算法和系统大都集中在单波段、单极化数据。利用传统的单极化（HH、HV、VH 或 VV）SAR 数据进行海上舰船检测通常有两种方法：一种是直接识别舰船信号的目标识别法；另一种是船尾迹检测方法。

早在 1986 年，挪威国防研究院（NDSR）与欧空局（ESA）开展了名为"舰船和舰船尾迹 SAR 检测"的研究项目（Skoelv et al.，1988）。同年，Lyden 等（1986）对 SAR 遥感图像上舰船尾迹的类别及其产生机理进行了分析。Murphy（1986）则提出了 SAR 遥感图像船尾迹检测方法，利用 SAR 遥感图像进行海上舰船及其尾迹检测的研究得到迅速发展。其中，以美国军方为先导的科学家，80 年代初就通过实施"海上舰船探测计划""X 波段 SAR 海洋非线性实验"和"海军现场实验"等系列海上实验，系统地研究 SAR 海上舰船目标与舰船尾迹的遥感成像机理，并分析了海上舰船航行参数、海洋环境与舰船尾迹的内在关系。苏联、德国、加拿大、挪威和欧空局等国家和地区也相继开展了"舰船和舰船尾迹 SAR 检测"等海上舰船 SAR 遥感探测实验。通过大量的海上实验和理论研究，完成了 SAR 图像上舰船尾迹的类别及其产生机理分析（Lyden et al.，1986），提出了 SAR 图像尾迹检测方法（Murphy，1986）。此后，人们对海上舰船的 SAR 遥感成像机理、SAR 海上舰舰船尾迹的类别及产生机理、SAR 海上舰船目标与尾迹遥感探测技术研究得到了迅速发展（Lyden et al.，1988）。

利用 SAR 检测舰船及其船尾迹并提取舰船特征已发展成为不同气象条件下监视海上舰船的主要手段之一。研究表明，舰船检测和船尾迹检测两种方法均存在各自的优缺点（范义，2005；李海艳，2007）。利用 SAR 遥感图像直接进行海上舰船检测的优势主要体现在：①如果船只稳定或者缓慢运动时，船尾迹则难以观测到，但是舰船目标的回波在任何情况下都存在；②在不同的海面风速和海况下，舰船目标比尾迹目标更稳定，船只的雷达海面后向散射较强，但船尾迹与雷达参数和海况等有关，船尾迹会随着海况、船速和船向发生改变；③机动舰船尾迹的形状是变化的；④海上舰船直接检测简单有效，已得到较好的结果，尾迹检测比较费时。

利用 SAR 遥感图像船尾迹进行海上舰船检测的优势主要体现在：①船尾迹覆盖面积大，可延伸几千米，持续存在几小时；②运动船只的方位向模糊使海面杂乱回波增强，增加了直接进行船只检测的难度，而船尾迹不受方位模糊的影响；③如无运动偏移，船尾迹则可以显示船只的真正位置，即在尾迹的尖端；④根据舰船在方位向的偏移量和利用 SAR 遥感图像船尾迹的长度和夹角等特征，还可以提取海上舰船运动目标参数和航向信息，甚至在一定条件下还可以检测到近水面的水下运动目标；⑤如果 SAR 遥感图像的分辨率比较低，而舰船目标很小，在 SAR 遥感图像上很难分辨，甚至舰船可能淹没在海洋背景杂波中，但舰船尾迹的尺度比舰船本身大得多，在 SAR 图像上易被辨别，从而探测船尾迹比探测舰船目标本身信号更容易，能更加有效地提高海上舰船目标探测的准确率，减小虚警率。

目前，欧空局、加拿大、德国空间局和意大利等国家和地区的 ERS、Radarsat、Envisat、TerraSAR-X、COSMO-SkyMed 和 Sentinel-1 A/B 等星载、机载 SAR 传感器获得了大量的海上舰船遥感图像，为开展 SAR 海上舰船遥感探测技术与应用研究提供了丰富的资料，并为建立星载 SAR 海上舰船遥感探测识别示范系统奠定了基础，为有关部门进行大范围、全天候海上舰船监测提供新的技术手段，大大提高了海上舰船的监测与监视能力。

为方便读者对 SAR 海上舰船遥感探测技术与应用领域有更加全面和深入的了解，本书首先介绍与之相关的一些 SAR 基本概念和 SAR 海洋遥感基本原理。在本书后续章节中，对 SAR 海上舰船遥感成像机理、SAR 海上舰船目标和尾迹遥感图像特征、SAR 海上舰船目标和尾迹遥感探测技术与应用、SAR 海上舰船特征参数遥感探测技术与应用和 SAR 海上舰船目标遥感分类识别技术与应用进行更为详细的介绍。本书最后对 SAR 海上舰船遥感探测研究进行了总结和展望。

第 2 章

SAR 基本概念

2.1 SAR 成像几何关系

图 2.1 是星载 SAR 遥感成像示意图。在观测方向上，从卫星到地面的距离称为斜距，斜距在地面上的投影称为地距，平行于卫星飞行轨迹的方向称为方位向，与之垂直的方向称为距离向。斜距方向与法线方向的夹角称为雷达波束的入射角 θ。SAR 天线

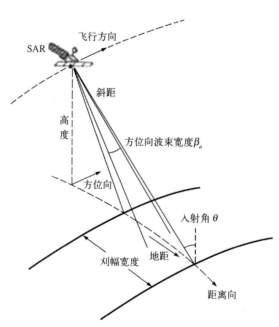

图 2.1　星载 SAR 遥感成像示意图

发射微波脉冲，脉冲展宽为方位向宽度为 β_a 的波束，当卫星在其高度为 H 的轨道上运行时，SAR 沿方位向画出一条连续的观测带。

2.2 脉冲压缩原理

对于简单的脉冲 (单频) 发射波，其持续时间 T_p 越短，对应距离向分辨率越高。理论上讲，缩短脉冲时间可以提高分辨率，但如果脉冲持续时间过短，回波信号的能量或平均功率 P_w 过低，信噪比 (Signal to Noise Ratio，SNR) 达不到要求，同样不利于在噪声背景下的检测信号。

为了解决发射脉冲持续足够长的时间以维持信号的功率水平，同时还能不降低距离分辨率的问题，SAR 系统普遍采用了脉冲压缩技术。脉冲压缩的主要方法是：发射脉冲不再是简单脉冲，而是在幅度或相位上按波形进行调制，在接收端经过压缩处理使得接收脉冲似乎是由短脉冲产生的。

假定具有线性频率的脉冲波形为：

$$s(t) = \cos(2\pi f_e t + \pi K_c t^2), \qquad |t| \leqslant \frac{T_p}{2} \tag{2.1}$$

其瞬时频率 f 为：

$$f = \frac{1}{2\pi} \frac{\partial \varphi}{\partial t} = \frac{1}{2\pi} \frac{\mathrm{d}(2\pi f_e t + \pi K_c t^2)}{\mathrm{d}t} = f_e + K_c t, \qquad |t| \leqslant \frac{T_p}{2} \tag{2.2}$$

其中，f_e 为载频；K_c 为脉冲压缩率，$K_c > 0$ 时称为逆脉冲压缩，$K_c < 0$ 时称为顺脉冲压缩。由于 $s(t)$ 的频率范围从 $(f_e - |K_c| \frac{T_p}{2})$ 变化到 $(f_e + |K_c| \frac{T_p}{2})$，则带宽为：

$$B = |K_c| T_p \tag{2.3}$$

信号理论指出带宽为 B 的信号可以等价处理为持续时间为 $\tau = \frac{1}{B}$ 的脉冲。这样脉冲压缩技术可以达到的距离向分辨率为：

$$\rho_\tau = \frac{c\tau}{2} = \frac{c}{2B} = \frac{c}{2|K_c| T_p} \tag{2.4}$$

可以定义脉冲压缩比 PCR 为压缩前简单脉冲对应长度与压缩后等脉冲压缩之比：

$$\mathrm{PCR} = \frac{T_p}{\frac{1}{B}} = T_p B = |K_c| T_p^2 \qquad (2.5)$$

由此可见，脉冲压缩比为发射脉冲的时间带宽积，它反映了脉冲压缩引起的距离分辨率的改进，这种改进可以高达10^5。

2.3 合成孔径原理

在距离向进行压缩处理以改善距离向分辨率的同时，我们同样需要一种技术进行方位向压缩。利用天线在飞行过程中不同位置的回波信号，可以实现方位向分辨率达到一个大孔径天线系统应有的分辨率。由于这样一个大孔径天线的物体实际上并不存在，而是由实际的小孔径天线合成得到的概念上的系统，这就是所谓的合成孔径天线，对应的合成孔径技术是 SAR 最根本的技术。

合成孔径的概念可以从两个方面来进行理解：一是天线阵列概念；二是多普勒频移概念。

2.3.1 天线阵列概念

对合成孔径雷达，假设其实际天线尺寸长为 D_s，为改善其方位分辨率，可以利用雷达飞行过程合成长度为 L_s 的天线。图 2.2 为合成孔径示意图。

假设地面有一目标 P（斜距 R_s），天线波束中心与正侧视存在一个角度 θ_s，由于有这一角度的存在，雷达飞行过程中有一段长为 L_s 的范围内能够接收到目标的回波信号，我们把它定义为合成孔径长度，对应雷达波长 λ，有：

$$L_s = R_s \theta_s = \frac{R_s \lambda}{D_s} \qquad (2.6)$$

这样，可以达到的合成孔径雷达的方位分辨率为：

$$\rho_a = \frac{R_s \lambda}{2L_s} = \frac{D_s}{2} \qquad (2.7)$$

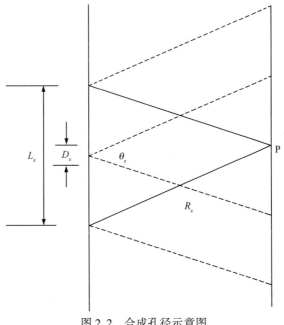

图 2.2　合成孔径示意图

2.3.2　多普勒频移概念

在频率域分析雷达回波信号，可以发现其频率发生变化，这种频移是由天线和反射目标之间的相对运动造成的，称为多普勒频移。如图 2.3 所示，雷达平台以速度 v_s 飞行，对于长度为 D_s 的雷达天线，其近似波束宽度为 $B_s = \lambda / D_s$。两个点目标 P 和 Q 在地面沿 x 向距离为 ρ_a，因为这两个点目标相应于运动雷达航迹存在不同的角度，也就存在着多普勒频移差。其中一个点目标的多普勒频移可表示为：

$$f_D = \frac{2v_s \sin\theta_s}{\lambda} \qquad (2.8)$$

其多普勒增量为：

$$\Delta f_D = \frac{2v_s \cos\theta_s}{\lambda} \Delta\theta_s \qquad (2.9)$$

而多普勒频率分辨与滤波器时间常数 T_D 存在如下关系：

$$\Delta f_D \approx \frac{1}{T_D} \qquad (2.10)$$

合并式 (2.9) 和式 (2.10)，得到方位向分辨率为：

$$\rho_a = R_s \cdot \Delta\theta_s = \frac{\lambda R_s}{2T_D v_s \cos\theta_s} \tag{2.11}$$

式(2.11)当$\theta_s = 0$时，成为正侧视SAR。在正侧视条件下，多普勒滤波器时间常数可取：

$$T_D = \frac{R_s B_s}{v_s} = \frac{R_s \lambda}{v_s D_s} \tag{2.12}$$

这样，将式(2.12)代入式(2.11)，即可得到方位向分辨率为：

$$\rho_a = \frac{D_s}{2} \tag{2.13}$$

这与前面合成天线阵的结果式(2.7)是相同的。

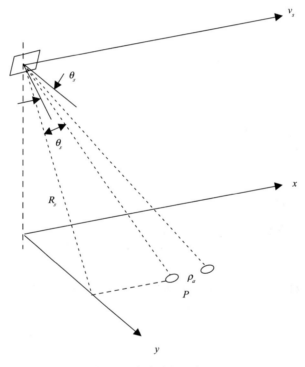

图2.3　合成孔径示意图

2.4　SAR系统参数

SAR系统对目标的成像与雷达波的频率、极化和SAR成像几何关系有关。遥感应用的SAR系统通常采用特定的波长，从而也就确定了雷达的特定频率。当然，对任一给定的 SAR 系统而言，发射波的极化和入射角、方位角等也是已知常数。除此之外，系统参数还会影响生成图像的质量(杨士中，1981)。

2.4.1　波长、频率、波数

雷达的波长、频率和波数是相互联系的，如式(2.14)和式(2.15)所示：

$$\lambda = \frac{c}{f} \tag{2.14}$$

$$k = \frac{2\pi}{\lambda} \tag{2.15}$$

式中，c 为光速($3\times10^8\,\text{m/s}$)；f 为频率；k 为波数。

波长、频率、波数是重要的 SAR 系统参数。短波长系统的空间分辨率高，能量要求也高，因此早期的机载 SAR 系统常用短波长(K、X)波段，而星载 SAR 在综合考虑后一般采用 L 波段和 C 波段。

2.4.2　极化

SAR 遥感中现有的系统主要采用线极化波，在极化 SAR 中采用两个正交的线极化通道同时收发信号，这两个正交线极化通常设计成垂直发射或水平发射的极化波。同理，SAR 系统也可接收垂直或水平极化的电磁波。

其中，水平极化指的是电场矢量与入射面垂直，而垂直极化指电场矢量与入射面平行。一般用 HH 极化表示雷达图像中的水平发射和水平接收，VV 极化表示垂直发射和垂直接收，HV 极化表示水平发射和垂直接收，VH 极化则表示垂直发射和水平接收。HH 和 VV 通常意义上称为同极化，而 HV 和 VH 称为交叉极化。

2.4.3　入射角

入射角定义为雷达入射波束与当地大地水准面垂线间的夹角。入射角是影响雷达后向散射及图像上目标物因叠掩或透视收缩产生位移的主要因素。一般来说，来自分散的散射体的反射率随着入射角的增加而降低。图 2.4(a)说明了入射角、方位角等与地球曲率的关系。此模型假设了有一定坡度的地形。与此对照，图 2.4(b)给出了"本地入射角"。表面粗糙度的变化是本地入射角的函数，本地入射角的改变会影响雷达的后向散射，这取决于目标物的粗糙度和其变化程度。

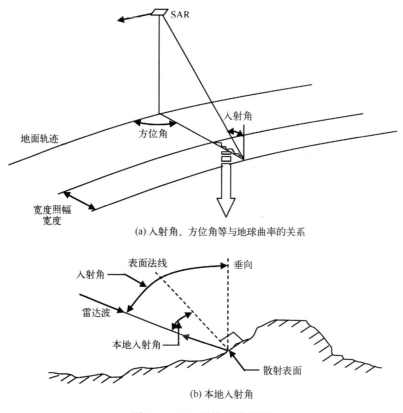

(a) 入射角、方位角等与地球曲率的关系

(b) 本地入射角

图 2.4　SAR 系统成像机理

2.4.4　方位角

　　SAR 方位角指的是入射平面与 SAR 飞行方向之间的夹角。方位角对后向散射回波有很大影响。当地物不对称且飞行平行于构造主轴线时，回波很强；而当雷达照射方向与地物走向平行时，回波较弱。

2.5　SAR 多视处理

　　信号的相干性是 SAR 能够提高分辨率的关键，但是用相干电磁波照射目标会使图像产生斑点噪声，使图像信噪比下降。由于海面散射一般较弱，斑点在 SAR 海洋图像中的存在，在一定程度上使信号掩盖在斑点之中，使解译者难以区分各种海洋现象。

所以在许多时候，数字图像中都需要采用平滑或自适应滤波器等方法来加以消除。

　　SAR 图像中斑点噪声的降低过程比较复杂（Ulaby et al.，1982）。通常把 SAR 设计成长的合成天线（或较大带宽）。间距相同的发射脉冲受到了经过发射信号波束宽度的地物的拦截，由天线接收生成与多普勒有关的信号，然后把多个孔径返回的每一个信号储存起来做进一步处理。把这些非相关的独立图像或 SAR 处理的同一景内的子图像称作"多视"。通常选择一组"单视"来对图像进行处理，然后把它们平均处理成"多视"图像，这个过程称为多视处理。由于多视处理仅用到整个带宽的一部分，所以处理后的图像空间分辨率也降低了。多视处理能有效抑制斑点噪声，但是以牺牲系统分辨率为代价的。

第3章

SAR 海上舰船遥感探测研究概述

自 1986 年挪威科学家提出首个 SAR 海上舰船检测算法至今，国内外已开发了参数法和非参数法两大类十余个 SAR 海上舰船目标和船尾迹自动检测算法。但截至目前，SAR 海上舰船遥感探测技术与应用基本大都是基于单波段、单极化(HH、HV、VH 或 VV)SAR 遥感数据，主要以雷达后向散射截面 σ 这个单一参数的特征为基础，结合图像分析与处理的理论与算法，实现目标(舰船目标与船尾迹)与背景(水面杂波)的区别和分离。因此，尽管目前所应用的各种算法差异很大，但大都属于广义上的二维图像分割。事实上，许多 SAR 遥感图像上的船只并没有尾迹，特别是加拿大的 Radarsat SAR 遥感图像和日本的 JERS SAR 遥感图像。因此，目前对船只和尾迹进行联合检测的思路还有较大的局限性。

3.1 SAR 海上舰船目标遥感探测研究概述

在 SAR 遥感图像中，目标对微波信号反射和散射的回波强弱直接反映在灰度值的大小上。由于海上舰船目标具有很强的角反射特性，再加上其金属特性，使得船只目标在 SAR 遥感图像上的灰度值较大，以亮点(块)形式出现。近年来，各国不断发展和改进了很多种广义二维图像分割范畴下的海上舰船目标遥感探测技术，其目的是提高探测的准确率和效率，降低误判率。这些方法基本分为两类：有参数类和无参数类。

有参数类检测方法主要包括窗口滤波法、恒虚警率阈值法等，其基本原理是根据整幅图像灰度值的数学特性，估算出一个合适的参数，再依据该参数提取出符合检测目标灰度值要求的点，这些方法简单快捷、应用也最为广泛。无参数类的检测法则主要包括人工神经网络法和模糊推理法等。

经过多年的研究，在 SAR 遥感图像海面背景分布研究上已经取得许多成果（Jakeman et al.，1973，1976；Ward，1981；Jao et al.，1984；Sekine et al.，1990；Quelle et al.，1993；Lombardo et al.，1994，1995；Jahangir et al.，1996；Roberts et al.，2000），各国科学家开发的船只遥感探测方法也已有十余种之多（Eldhuset，1988；Henschel et al.，1998；Jiang et al.，2000；Vachon et al.，2000；Kourti et al.，2001；Schwartz et al.，2002），这些方法多数属于自适应阈值模型。自适应阈值模型是利用某种单一数学分布来模拟 SAR 遥感图像海面背景分布特征，并采用恒虚警技术确定船只探测的阈值。其中，模拟 SAR 遥感图像海面背景分布是建立 SAR 船只遥感探测算法的关键。

在模拟 SAR 遥感图像海面背景分布过程中，科学家最早引入了对数正态分布（Ulaby et al.，1989），Weibull 分布（Zito，1984）和 K 分布（Jakeman et al.，1973）来模拟 SAR 遥感图像海面背景的非瑞利分布。对数正态分布适合于乘性噪声模型，它能将乘性噪声转化为高斯加性噪声，使用起来比较方便。但是，对数正态分布对 SAR 遥感图像灰度直方图前半部分的模拟被证明是无效的（Kuttikkad et al.，1994）。对数正态分布的表达式为：

$$p(x) = \frac{1}{xv\sqrt{2\pi}}\exp\left\{-\frac{-\left[\ln(x)-\mu\right]^2}{2v^2}\right\} \tag{3.1}$$

其中，$x>0$；μ 为 x 的均值，为形状参数。

Weibull 分布在实践中取得了一定的成功，它主要是能较好地模拟陆地的杂波噪声（Sekine et al.，1990），但是 Weibull 模型缺乏严格的理论证明。Weibull 分布的表达式为：

$$p(x) = \frac{\alpha}{v^\alpha x^{\alpha-1}}\exp\left[-\left(\frac{x}{v}\right)^\alpha\right] \tag{3.2}$$

其中，α 为尺度参数。

K 分布模型在海洋背景噪声的模拟上被公认为是目前为止最成功的模型。Jakeman 等于 1975 年从雷达海面后向散射机理出发，引入了 K 分布模型来模拟海面杂波噪声分布（Jakeman et al.，1976；Jao et al.，1984）。K 分布法则（结合 Gamma 法则）已被广泛应用于模拟雷达图像中陆地和海洋的后向散射分布，如加拿大遥感中心使用 K 模式开发出了商用化 SAR 模拟软件。但是 K 分布模型的参数估计问题，一直没有得到很好地解决，并且 K 分布模型存在三个缺陷：①模型的计算复杂，运行时间长；②参数估计时，会遇到参数非常大或为负值的情况；③当图像灰度分布特殊时，模拟的精度较差。（Jahangir et al., 1996；Lombardo et al., 1994，1995；Blacknell，1994，2001；Roberts et al., 2000）。K 分布模型的表达式如下：

$$p(x) = \frac{4}{\gamma \Gamma(v)} \left(\frac{x}{\gamma}\right)^v K_{v-1}\left(2\frac{x}{\gamma}\right) \qquad (3.3)$$

其中，γ 为位置参数；K 为第二类修正贝塞尔函数；Γ 为伽马函数。

采用复合分布系统模拟高分辨率 SAR 遥感图像海面背景噪声统计分布的方法最早由 Ward（1981）提出。Quelle 等于 1993 年首次提出了 Pearson 分布系统（Quelle et al., 1993）在 SAR 遥感图像分割中的应用。Delignon 等于 1997 年提出了用一系列新的参数分布来模拟雷达图像背景噪声统计分布（Delignon，1997，2002），并通过严格的数学推导，求解出复合分布方程的四个解，即第一、第二种 Beta 分布，正、反 Gamma 分布，另外还考虑了特殊的正态分布。复合分布方程由以下偏微分方程给出：

$$\frac{df_\lambda(u)}{du} = -\frac{u + a}{u(c_1 + c_2 u)}d \qquad 当 \lambda \subset IR^* \qquad (3.4)$$

该偏微分方程的解一般为四种分布区间，而在理论上也证明了可采用五种分布区间进行 SAR 图像模拟的可行性。此外，Pearson 分布系统的相关理论在海冰杂波分布方面也得到了应用（Derrode et al., 2001；Yuichi，2004）。

目前，比较经典的检测模型算法主要有如下几种。Eldhuset 于 1988 年提出了双参数模板和尾迹联合检测算法。该算法假设 SAR 海面背景分布为高斯分布，从而模拟 SAR 遥感图像海面背景分布。该算法特点是能够适用于不同性质的局部海面区域，但是运算量比较大，特别是在船只密集区域应用效果不理想（Eldhuset，1988）。

1995 年加拿大科学家采用了基于 K 分布的 CFAR 模型检测算法（Henschel et al., 1997，1998）。该算法采用全局阈值，并假定海面背景分布符合 K 分布。该算法具有完备的数学理论基础，但是精确估计形状参数是非常困难的，而且运算中包括复杂的修正贝塞尔函数，使得运算比较复杂（Schwartz et al., 2002；Vachon et al., 2000）。

Jiang 等于 2000 年提出的基于概率神经网络(PNN)的 CFAR 模型检测算法，该方法也采用全局阈值，理论上适用于任意背景分布，适应能力极强，但是该算法中高斯函数的形状参数估计比较困难(Jiang et al.，2000)。与 K 分布模型相比较，PNN 探测模型算法具有算法简便、运算时间短、适用面广等优点。但该算法也有一些缺点，如探测结果与图像大小有关，参数估计精度不高，参数估计繁琐等。由于 PNN 探测模型的思想有别于传统的利用某种已知分布来进行船只探测的算法，具有其独特算法优势，以 PNN 探测模型为基础的算法也取得了不错的效果。

Lombardo 等于 2001 年首次提出的基于 SAR 遥感图像海面同质分割的 CFAR 探测算法。针对不同性质的海面，分别使用 Cell Average(CA)算子、Cell Average-Greatest of (CA-GO)算子和 Cell Average-Smallest of (CA-SO)算子进行 SAR 海上舰船遥感探测 (Kourti et al.，2001)。该算法对图像的分析建立在假定 SAR 海面背景符合 Gamma 分布的基础上，针对高分辨率和低分辨率的图像采用不同的参数。这种算法在 ERS 数据(低分辨率)和 SIR-C/X-SAR 数据(高分辨率)上均取得了不错的效果。但是，该算法的前期工作相当繁琐，特别是区分遥感图像的不同性质区域，需要耗费大量时间，加上算法本身较为复杂，使得模型运算速度缓慢。

Hunt 等开发的随机 CFAR 探测算法(Hunt et al.，2001)，利用条件概率测试、重要性测试和条件概率重要性测试来确定不同海况条件下的探测算子。该算法也是假定背景分布符合高斯分布，因此需要一个预处理程序将 SAR 遥感图像直方图增强为高斯分布。通过与双参数法算法的对比，发现该算法在 Radarsat Fine 模式 SAR 遥感图像上的探测性能出色。由于该算法有一个前期处理过程，使得其性能依赖于前期处理效果，运算速度较慢。

Sciotti 等考虑到许多 SAR 遥感图像上海面杂波分布不均匀的情况，提出了一种基于区域分割的恒虚警率船只探测方法。该方法在传统 CFAR 算法的前面添加了一个区域分割步骤，即将不同性质的海区分割，然后对各个海区采用不同的恒虚警率值进行探测(Sciotti et al.，2001)。

通过对多种检测算法的试验分析发现，各种算法的探测性能均不同程度地受到 SAR 遥感图像视数、海面风速和图像分辨率的影响，探测速度与复杂程度和是否采用全局处理密切相关。由于海面风速对 SAR 海面遥感成像有较大影响，一些特定的模型，比如 K 分布模型在 ERS 遥感图像和 ENVISAT 遥感图像上并不适用（Friedman et al.，2001），这主要是由于 ERS 和 ENVISAT 的 SAR 遥感成像对不同海面风速和雷达参数条件下海面粗糙度的变化比较敏感。

目前，国际上针对如何确定 SAR 海上舰船遥感探测能力也有了新的认识。Vachon 等利用 CMOD5 模式（Quilfen，1993）和 MARCOT95 演习试验数据，对 Radarsat-1 SAR 在不同风速与风向条件下的海上舰船遥感成像能力进行了分析（Henschel et al.，1998）。结果显示，对于 Radarsat S1 模式，随着风速从 2 m/s 增加到 14 m/s，SAR 所能探测到的最小船长从 20 m 上升到 70 m 在高风速下小目标探测效果较差，二者之间为非线性关系，其他 SAR 遥感成像模式也有类似结果。此外，在 Radarsat 遥感图像一些合适的成像模式下（S4~S7，F1~F5，EH1~EH6，W3），探测模型算法对船只的探测成功率达到 97%，在大入射角模式下模型算法探测船只的性能要好于小入射角模式（Vachon et al.，2000）。

国内从 20 世纪 90 年代起，相继开展了 SAR 海上舰船目标遥感探测研究。如万朋通过对 Gamma 分布算法进行改进，提出了基于 Gamma 分布的优化 SAR 目标检测算法（万朋等，2000），其性能优于双参数检测模型，但是运算速度有待提高。周红建提出了改进的双参数法船只检测算法（周红建等，2000）。种劲松提出了局部窗口的 K 分布探测算法（种劲松等，2003），该方法结合了双参数法和 K 分布法的优点，但是运算速度比单纯 K 分布算法更慢。邹焕新提出了基于矩不变（邹焕新等，2003）和基于特征矢量匹配（邹焕新等，2004）的 SAR 海上舰船目标检测算法。陈鹏提出了一种改进的 SAR 海上舰船检测算法（陈鹏等，2005），该算法不仅对不同类型 SAR 图像的适用能力上取得了进步，而且运算速度也比较快。李长军研究了基于模糊理论的 SAR 遥感图像船只检测方法，利用改进的模糊增强算法，结合最大熵分割法，提取船只目标（李长军等，2005）。彭石宝提出了基于小波多分辨分析的船只检测算法（彭石宝等，2006）。宋玮等（2004）提出了基于 BP 神经网络的 SAR 海上舰船检测方法，结果显示在低信噪比条件下，能够取得较好效果。杨卫东提出了一种基于低分辨率 SAR 遥感图像的舰船目标检测方法（杨卫东等，2008），该方法利用一种生物视觉抑制理论来抑制噪声，然后采用熵分割方法，检测舰船目标。汪长城等（2009）研究了一种多孔径 SAR 遥感图像的目标检测方法。上述 SAR 海上舰船目标检测算法的研究对开展 SAR 遥感船只检测具有重要意义，但本质上来说，上述检测算法大都是对国外先进国家或地区算法的模仿或改进。

3.2 SAR 海上舰船尾迹遥感探测研究概述

海面运动舰船在水面留下的痕迹被称为船尾迹。船尾迹在 SAR 遥感图像中具有唯一性，它在 SAR 遥感图像中多呈现出直线特征，有亮线和暗线两种，在移动的船只后面可以绵延几千米到十几千米，持续存在几个小时，比船信号更加容易检测到。1978年，在 SEASAT SAR 遥感图像上，人们第一次发现了海洋表面延伸 20 km 长的舰船尾迹。自此，对 SAR 遥感图像上舰船尾迹的研究越来越受到重视。

图 3.1 显示了 ERS-2 SAR 在南海观测到的船只（图像右上角的亮点）及其尾迹（紧随亮点之后贯穿整个图像的长直线）。在船后距船约 1/3 船尾迹长的位置，船只尾迹表现为比背景场亮的线，即较大的海面粗糙度。远离船只处，湍流引起短风浪（Bragg 波）的衰减，从而使得雷达后向散射减弱，船只尾迹在遥感图像上表现为暗的直线，这也是 SAR 遥感图像上船只湍流尾迹的典型特征。

近年来，世界各沿海国家对船尾迹 SAR 遥感图像检测研究和应用十分重视。1986 年，挪威国防研究院的科学家与欧空局（ESA）签订合同（Skoelv et al.，1988），开展了名为“舰船和舰船尾迹 SAR 检测”研究项目。随后 Lyden 开展了 SAR 图像船只尾迹类别和产生机理的研究（Lyden et al.，1986；Skoelv et al.，1988），Murphy 等则开展 SAR 图像海上舰船目标和船尾迹检测研究（Murphy，1986；Hendry et al.，1988；Eldhuset，1996）。此外，利用船尾迹 SAR 图像密度谱和波浪斜率变化谱还可以估算运动船只的船体外形，但该方面的研究还未达到应用化水平，有待于进一步发展。

与此同时，国内也积极开展了利用 SAR 遥感图像进行海上舰船尾迹检测方面的工作，并先后开展了基于特征空间决策的船尾迹检测算法、基于斑点抑制的船尾迹检测算法、基于递归修正 Hough 变换域的船尾迹检测算法、基于图像分割和归一化灰度 Hough 变换和基于扫描算法的船尾迹检测算法等（周红建等，2000；邹焕新等，2004；王连亮等，2009；艾加秋等，2010）。

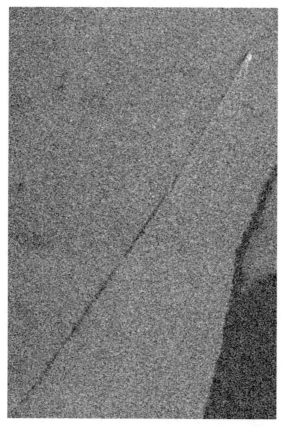

图 3.1 1996 年 4 月 13 日 ERS-2 SAR 在中国南海观测到的海面舰船及其尾迹

注：图像大小为 14.5 km×9.7 km。

3.3 SAR 海上舰船遥感探测系统概述

近年来，随着海上舰船目标探测技术的不断发展，国外已经建立和正在建立的 SAR 海上舰船目标探测系统主要包括：加拿大海洋监视工作站（OMW）系统（Henschel et al.，1998；Rey et al.，1998），美国阿拉斯加 SAR 演示验证（AKDEMO）系统（Henschel et al.，1998），欧盟联合研究中心（JRC）的 VDS 系统（Rey et al.，1998），英国 Qinetiq 的 MaST 系统（Greidanus，2006）系统，挪威 FFI 的 Eldhuset（Eldhuset，1996）和挪威 Kongsberg 的 MeosView（Greidanus，2006）系统，法国 Kerguelen 的 CLS（Marcel et al.，2005）和 BOOST 舰船遥感检测系统（Vincent et al.，2005），以及英国 DERA（Vachon et al.，2000）、罗马大学（Cusano et al.，2000）和意大利 Alenia Aerospazio 公司分别研发的

舰船检测系统(Ferrara et al., 1998)。这些探测系统主要利用在轨运行的多源 SAR 遥感数据, 甚至包含 AIS 和 VMS 等数据进行海上舰船的探测, 并且各系统均把处理多极化数据作为今后 SAR 海洋舰船遥感探测的发展方向。上述系统的海上舰船目标检测率受遥感图像质量影响较大, 在良好的条件下, 能够达到 90% 以上, 而差的图像质量下检测率达到 70% 都有困难。此外, 目前尚未见到有关 SAR 海上舰船目标分类识别系统的文献报道。

3.3.1　加拿大 OMW 系统

加拿大 OMW 系统主要包括海上舰船探测和识别、海面波谱分析、油膜探测和海冰探测等功能模块。其中海上舰船探测和识别功能模块的处理流程包括图像预处理、地理定位、陆地屏蔽、图像拼结、目标筛选、目标自动识别、目标人机交互确认和输出报告八个子模块。陆地屏蔽子模块使用了全球海岸线矢量数据。目标筛选子模块采用了标准的恒虚警率技术, 利用多视 K 分布概率密度模型模拟 SAR 遥感图像上的海洋背景噪声分布, 计算整幅图像的全局阈值。目标自动识别是利用了简单的几何特征测量

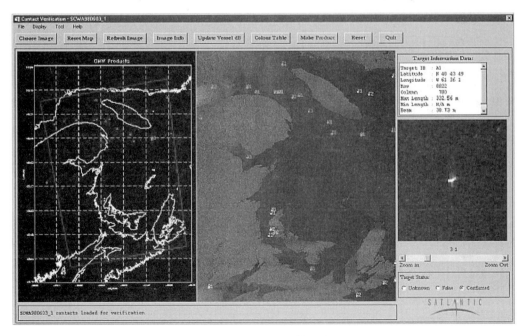

图 3.2　加拿大 OMW 系统用户界面

及相似性匹配技术。在目标人机交互确认子模块中，如果发现目标存在尾迹特征则可以给出航向及速度等信息。输出的报告包括目标的位置、大小、航向和速度。目前，OMW 系统正通过引入多极化数据，如 Radarsat-2 SAR 遥感数据，并融合多种数据源的信息，从而提高船只分类的精度，减少虚警率。

3.3.2　美国 AKDEMO 系统

美国 AKDEMO 系统是一个对阿拉斯加沿岸地区 Radarsat 卫星数据进行近实时处理的示范系统。该系统的一个重要功能就是进行海上舰船探测和渔船监测。AKDEMO 系统的船只探测主要流程包括图像预处理、陆地屏蔽和船只探测等。船只探测算法为双参数 CFAR 探测算法，其探测精度表现出较好的性能。未来，该系统将侧重于利用多源 SAR 遥感数据和极化数据对船只信息进行处理。

3.3.3　欧盟 SUMO 系统

欧盟 SUMO 系统是一个专门用于渔船活动监测的系统，已在多个渔船监测计划中得到了应用。该系统的海陆分界处理早期主要采用人工干预的方法，目前是利用全球海岸线矢量数据进行自动处理。船只探测算法采用了基于双参数的 CFAR 船只探测算法，并且该系统通过像素个数进行简单区分渔船和其他船只。未来，该系统将基于欧洲联合研究中心(JRC)建立的目标数据库，发展一种自动选择最佳探测因子的算法以提高系统对船只的分类能力。

3.3.4　欧盟 VDS 系统

欧盟 VDS 系统主要通过 SAR 遥感数据与 VMS 数据结合，实现对渔业活动的监测。VDS 系统运行流程如图 3.3 所示。地面站将接收和处理的 SAR 遥感图像传输到 JRC(欧洲联合研究中心)，然后利用船只探测算法进行舰船目标检测，并提取船只的长度、宽度和航向信息，同时根据 VMS 所记录的舰船位置信息，综合考虑舰船船行方向和航行速度以及 SAR 遥感图像接收时间差等因素确定合法目标，最后将可疑目标和分析结果传给相关机构以供决策。系统整个运行过程约需 30 min。

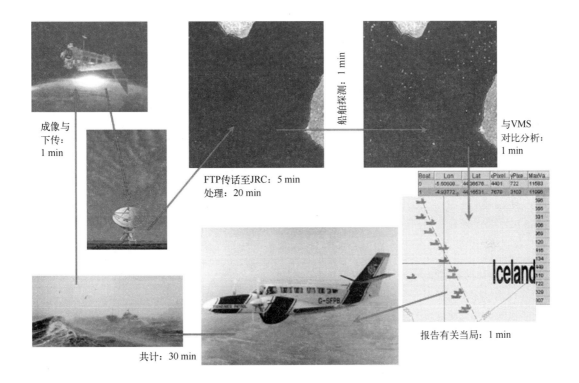

成像与
下传：
1 min

FTP传话至JRC：5 min
处理：20 min

船舶探测：1 min

与VMS
对比分析：
1 min

报告有关当局：1 min

共计：30 min

图 3.3　欧盟 VDS 系统运行流程示意图（Greidanus，2005）

3.3.5　挪威 Eldhuset 系统

　　挪威 Eldhuset 系统来源于欧空局的"ERS SAR 船只交通监测"计划，主要由挪威国防部开发。该系统主要包括地理定位、陆地屏蔽、船只探测、虚警去除和结果输出五个功能模块。其中船只探测功能模块采用的是一个 Cell-Averaging CFAR 探测算法，由于虚警值设得相对较低，因此虚警去除模块起到了非常重要的作用。系统采用了船–海同性质测定技术来去除虚警。Eldhuset 系统目前已进入商业化阶段，并且已经向日本商业出售。未来，Eldhuset 系统的研究重点也将是侧重引入多极化遥感数据。

3.3.6 英国 MaST 系统

在英国国防部支持下 QinetiQ 公司开发了 Maritime Surveillance Tool(MaST)系统。MaST 系统船只检测过程首先是利用矢量海岸线数据库进行海陆区分，其次进行船只目标检测，并且对检测到的舰船目标提取其地理位置、尺寸、散射强度和图像切片等信息。目前，MaST 系统已开发了图形用户界面，并可通过 Internet 进行访问。图 3.4 给出了 MaST 系统的目标检测结果显示界面图。

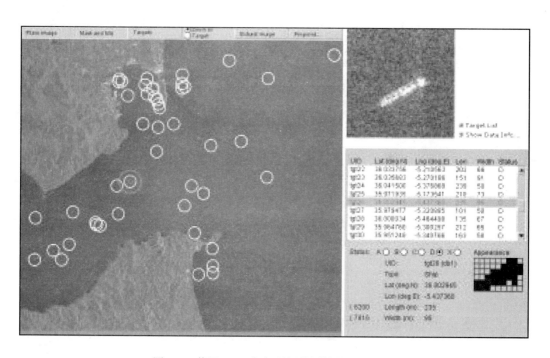

图 3.4　英国 MaST 舰船目标检测结果显示界面

3.3.7 法国 CLS 系统

法国 CLS 系统主要综合利用 SAR 遥感图像和 VMS 数据识别非法舰船目标。CLS 系统的具体运行情况是，每天接收渔船监测海域上空过境 SAR 遥感数据，地面站对 SAR 遥感数据进行处理和分析，获得船只的位置信息报告，然后将报告发送到 CLS，由 CLS 对比 VMS 采集设备获取的渔船位置信息，将得到的非法渔船分析结果(每天 4

次)发送至海军相关部门，由海军派出巡逻船进行执法检查。系统自 2004 年开始运行以来的统计表明，该系统可有效打击非法捕鱼活动。目前，该系统也向目标检测与分类、极化数据应用等方向做进一步研发。图 3.5 给出了 CLS 系统的运行流程概况。

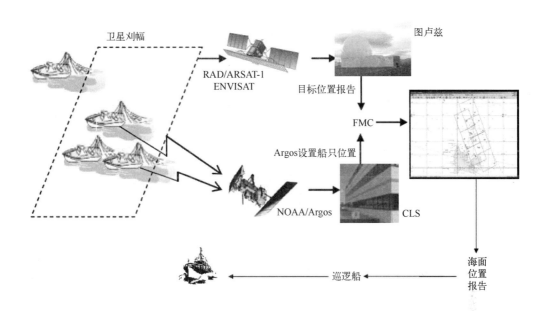

图 3.5　CLS 系统运行流程概况

3.3.8　中国 SAR 舰船目标探测系统

中国 SAR 海上舰船探测系统研究国内与国外相比还存在较大差距，这种差距不仅仅体现在探测技术的先进性，更体现在系统的实用性和可靠性等方面。陈鹏(2010)自主研制的"SAR 卫星数据预处理及舰船目标检测系统"具有 SAR 遥感成像、海陆边界分割、舰船目标检测、舰船目标定位等功能。基于该系统，通过对中国东海和南海海域 155 幅 ENVISAT ASAR 遥感图像处理，共探测出 8 604 艘船只。图 3.6 给出了该系统的舰船目标自动检测界面。

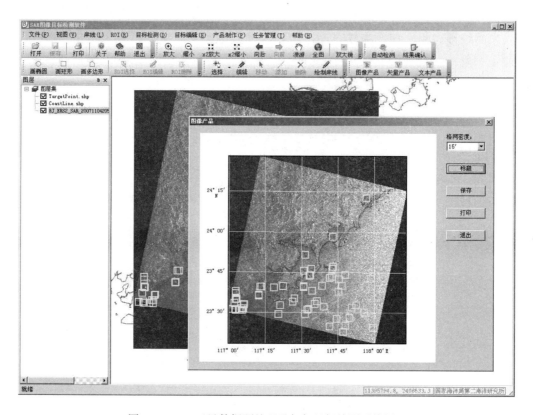

图 3.6　SAR 卫星数据预处理及舰船目标检测系统界面

第4章

SAR 海上舰船遥感成像机理

4.1 SAR 海面遥感成像机理

4.1.1 散射截面

目标的雷达散射截面 σ 的物理意义可以解释为：从远处观察目标物的散射强度，可用一表面面积度量，其大小为以入射场强度的球散射体在该观察点处所截的功率与散射场相同时所需截面的大小(郭华东等，2000)。σ 是入射场方向和散射场方向的函数，并且与雷达入射波和散射波的极化有关。

当目标为分布目标时，σ 具有统计意义。海洋的回波是由雷达分辨单元内的各种散射体产生的，为方便起见，一般采用单位表面积的雷达散射截面 σ^0，即归一化雷达海面后向散射截面(Normalized Radar Cross Section，NRCS)来表示，也称归一化雷达后向散射系数或归一化雷达后向散射强度。σ^0 是一个无量纲数：

$$\sigma^0 = \frac{\langle \sigma \rangle}{A_0} \tag{4.1}$$

其中，$\langle \rangle$ 表示统计平均，A_0 为雷达观测面积，对应于雷达分辨单元内所包含的海表面面积的平均值(斯图尔特，1992)。σ^0 随表面粗糙度的增大而增大，随雷达入射角的减小而增大，通常用分贝来表示：

$$\sigma^0[\text{dB}] = 10\lg\sigma^0[\text{功率比}] \tag{4.2}$$

雷达对海洋进行观测时，海水的介电性质影响了电磁辐射的穿透深度。在主动遥感雷达所采用的微波频率上，微波对海水的穿透深度很浅，约为 0.1 mm ~ 10 cm，因此雷达后向散射几乎全部发生在海面(罗滨逊，1989)。

4.1.2　镜面反射与海面后向散射

对于平静无风的海面而言，雷达发射的电磁波将在海面产生镜面反射，因此对于非垂直入射的传感器，无法接收来自海面反射的电磁波能量。对于有风的海面，风生表面张力波和短重力波(统称微尺度波)使得海面变得粗糙起来，这相当于海面生成了许多不同方向的小反射面，致使偏离天底点方向的非垂直入射传感器也可以接收海面的电磁回波。

即使最粗糙的海面也不可能产生相对于水平面倾斜 20° ~ 50° 的斜率，所以，镜面反射只对小于 20° 的入射角才是最重要的。对于大于 20° 的入射角而言，只能通过海面的后向散射得到回波信号，回波信号的强弱很大程度上取决于海面的粗糙程度(朗，1983；罗滨逊，1989)。由于 SAR 是一种侧视雷达，其观测角一般大于 20°，因此，对于平滑海面来说回波信号很少。

4.1.3　海面粗糙度

海面粗糙度对微波散射有着重要的影响。当海面光滑时，电磁波在海面上发生镜面反射，雷达后向散射很弱，雷达图像显得很暗；当海面中等粗糙时，大部分电磁波离开雷达，仅有一部分返回雷达，后向散射部分较小；当海面很粗糙时，散射方向图展布得很宽，到达雷达的后向散射能量增加，如图 4.1 所示。

海面粗糙度与雷达波长和入射角也有关系。为了定量地描述海面粗糙度，可以采用 Rayleigh 判据的二分法，即：

$$h_r \cos\theta < \lambda_R/8 \tag{4.3}$$

其中，h_r 为海面起伏的垂直高度；θ 为入射角；λ_R 为雷达波长。满足式(4.3)的海面为光滑海面，否则为粗糙海面(斯图尔特，1992)。此外罗滨逊提出了三分法，认为满足 $h_r \cos\theta < \lambda_R/25$ 的海面是光滑海面，满足 $h_r \cos\theta > \lambda_R/4$ 的海面是很粗糙的海面，介于两者之间的为中等粗糙的海面(罗滨逊，1989)。

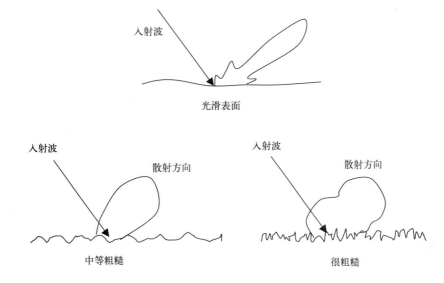

图 4.1　海面粗糙度及散射方向

4.2　SAR 海上舰船目标遥感成像机理

依据电磁波粗糙表面散射模型(Rice，1951)，海面和舰船分属两类不同的粗糙表面，散射机理有较大差异(Evans et al.，1988)。海上舰船的 SAR 遥感成像主要是船体对雷达波的强后向散射所致。海上舰船目标微波散射机理的了解对 SAR 海上舰船遥感图像特征和海上舰船目标遥感探测与分类识别研究具有重要意义。

海上舰船目标遥感成像机理可以用角反射器原理来进行解释。角反射器是一种无源干扰物，能够将来自各方向的雷达波沿入射方向反射回去。由于船舶目标出露于水面的部分与较为平静的海面构成一个二面角角反射器(Pichel et al.，2004)，同时船体上的部分结构(如船首或船尾的起重机、军舰的炮塔、船的桅杆与船只甲板等)也可形成二面角角反射器(这在高分辨率图像上尤为明显，这个特性也可用于高分辨率 SAR 图像船舶类型分类识别)。因此，海上舰船目标在 SAR 遥感图像上一般表现为高亮的点目标或是亮斑(图 4.2)。船体的强后向散射与海面的弱后向散射二者在图像上形成明显反差，使船只在 SAR 遥感图像上易于辨认(图 4.3)。

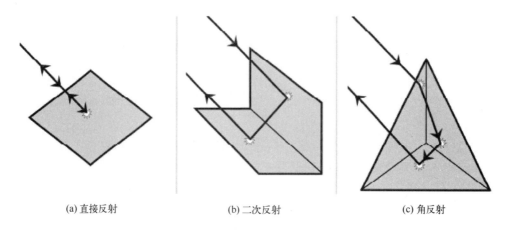

(a) 直接反射　　　　　　　　(b) 二次反射　　　　　　　　(c) 角反射

图 4.2　SAR 海上舰船目标遥感成像机理示意图

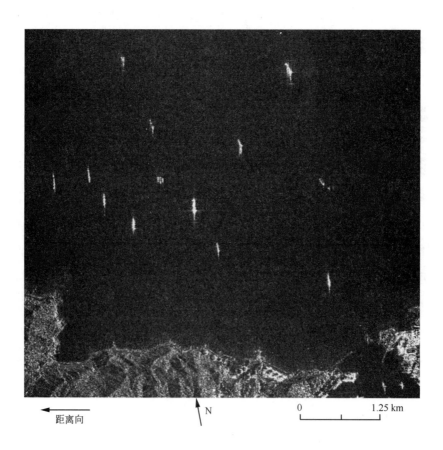

图 4.3　1998 年 3 月 5 日台湾省基隆港海域 SAR 遥感图像

注：海面呈黑色是由于接收到的海面雷达回波信号很弱，而白色的亮点为海上舰船目标产生的强雷达回波信号。

4.3　SAR 海上舰船尾迹遥感成像机理

船尾迹是指海上运动舰船在水面留下的痕迹，在 SAR 遥感图像中舰船尾迹多呈现直线特征，在船只后面可绵延几千米到几十千米，持续存在几分钟至几个小时。SAR 遥感图像的船尾迹遥感识别特征对开展 SAR 船只遥感探测和船只运动参数提取具有重要的意义。

在 SAR 遥感图像上，海上运动舰船形成的船尾迹表现形式一般可分为湍流尾迹、内波尾迹、窄"V"形尾迹和开尔文尾迹四类(Skoelv et al.，1988；Lyden et al.，1988；Melsheimer et al.，1999；Fan et al.，2019)。图 4.4 分别给出了湍流尾迹、内波尾迹、窄"V"形尾迹和开尔文尾迹的 SAR 遥感成像机理示意图。图 4.5 分别给出了青岛海域四类船尾迹的典型 SAR 遥感图像。表 4.1 给出了四种不同船尾迹的 SAR 遥感成像机理及遥感图像特征。

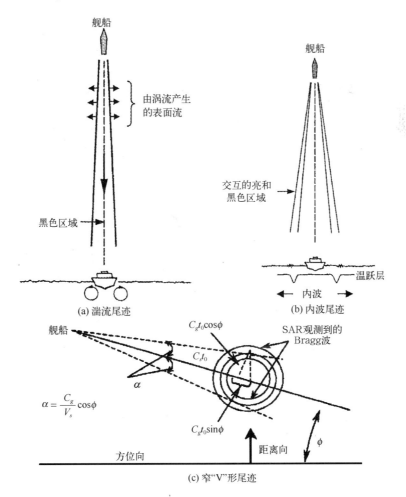

(a) 湍流尾迹

(b) 内波尾迹

$$\alpha = \frac{C_g}{V_s}\cos\phi$$

(c) 窄"V"形尾迹

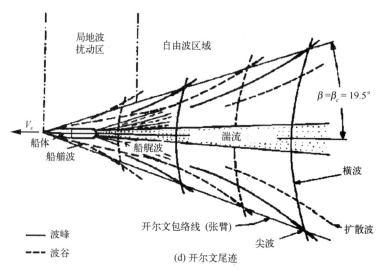

(d) 开尔文尾迹

图 4.4　SAR 海上舰船尾迹遥感成像机理示意图

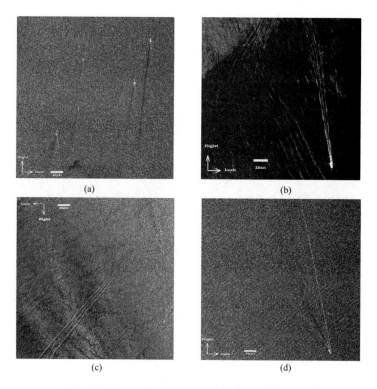

图 4.5　青岛海域四类船尾迹的典型 SAR 遥感图像

（a）2007 年 7 月 29 日 21 时 37 分成像的湍流尾迹；（b）2005 年 7 月 27 日 21 时 43 分成像的内波尾迹；

（c）2006 年 4 月 21 日 10 时 6 分成像的窄"V"形尾迹；（d）2007 年 8 月 17 日 21 时 40 分成像的开尔文尾迹

表 4.1 四种不同船尾迹的 SAR 遥感成像机理及遥感图像特征

船尾迹分类	船尾迹遥感成像机理	SAR 遥感图像特征	尾迹角度
湍流尾迹	流场和抑制作用	暗条带，伴随亮边缘	轴线附近
内波尾迹	流场作用	多"V"形内波尾迹	依赖于船速和船吨位
窄"V"形尾迹	Bragg 作用	窄"V"形亮线	夹角小于 10°
开尔文尾迹	倾斜和水动力调制	开尔文臂	夹角约为 39°

4.3.1 湍流尾迹 SAR 遥感成像机理

湍流尾迹通常出现在海上运动舰船的尾部，是 SAR 遥感图像中最常见的船尾迹类型。湍流尾迹 SAR 遥感成像受到海况和 SAR 参数条件的影响，在一定的 SAR 雷达参数和中等风速条件下，湍流尾迹最易成像，而低风速条件下则较难成像。

从图 4.4(a)湍流尾迹 SAR 遥感成像机理图可以看出，由于船只运动，在船只后面产生两种海表面流：一种是船体涡旋引起的流向航线两侧的海流；另一种是推进浆产生的后向海流。这两种表面流对航线上的海面布拉格波产生抑制作用，从而减弱这一区域的雷达海面后向散射能量，使其在 SAR 遥感图像上表现为暗的尾迹(Lyden and Hammond，1988)。亮的湍流尾迹一般在低风速条件下产生，此时周围海面光滑，而航迹上由于船和风的作用，航迹上的海面变得粗糙，增强了雷达海面后向散射强度，呈现出一条亮的尾迹。亮的尾迹有时由于两种海流的作用会一分为二，中间的布拉格波受到抑制，呈现暗的条纹。当船只排污时，大量油膜会聚集在航迹上，由于黏性较强，油膜会对航迹上的布拉格波产生抑制作用，从而减弱航迹上的后向散射能量，形成暗的条纹。

因此，湍流尾迹常呈现为沿航迹方向的暗尾迹和船体两侧的亮尾迹，或以各种暗亮尾迹组合的形式出现。并且，当舰船航行方向存在沿卫星距离向的分量时，会发生多普勒频移，故向着舰船航行方向，表现出舰船目标与其船尾迹分离，并且舰船目标总在船尾迹右侧的特征。

4.3.2 内波尾迹 SAR 遥感成像机理

内波尾迹的 SAR 遥感成像与海洋环境密切相关。当海水中存在跃层时，水面船只的运动或船体两侧的涡旋可能会激发内波，内波在运动、传播过程中，所引起海表层流场的变化调制海表面微尺度波的空间分布，从而改变了海面的雷达后向散射强度，由此被 SAR 所遥感成像。1989 年英美联合在林尼湖上采用机载 SAR 进行了一次研究内波船尾迹产生条件的试验，试验结果表明，在良好的层化条件下，大吨位的船只会产生内波尾迹（Munk，1987），小吨位渔船仅能产生窄"V"形尾迹。

图 4.4(b) 为内波尾迹的遥感机理图，船只在海上航行时，水下部分对两侧的海水产生压力，使其朝两边运动，此时如果海水中存在浅层化现象，就会产生内波（Gu and Phillips，1987）。内波向外传播，对上层海面布拉格波产生调制，由于表面张力减小，上层海面变得粗糙，从而改变该区域的雷达海面后向散射截面。内波尾迹在 SAR 遥感图像上多表现为在船后面与舰船航行方向平行的波列，常呈亮的近平行的条带。

4.3.3　窄"V"形尾迹 SAR 遥感成像机理

窄"V"形尾迹 SAR 遥感图像中较为少见，图 4.4(c) 给出了窄"V"形尾迹 SAR 遥感成像机理图。船在航行过程中，船体产生一系列布拉格波向周围传播，这些波与海面相互作用而形成一个扰动边界，在这个边界上由于布拉格共振散射的原因使得雷达接收到的海面后向散射得到增强，从而形成亮的条纹。这就是所谓的不完全开尔文尾迹理论（Interrupted-Kelvin Wake，IKW）（Munk，1987）。依据 IKW 理论窄"V"形尾迹的夹角与船只的航行速度有如下关系：

$$\alpha = \tan^{-1}\left(\frac{c_g}{V_s}\cos\phi\right) \tag{4.4}$$

其中，c_g 为布拉格波群速度；V_s 为船只航行速度；ϕ 为雷达方位向与船只航迹之间的夹角。

窄"V"形尾迹的 SAR 遥感成像与许多因素有关。1989 年英美联合的林尼湖试验表明，在不同的波段（P 和 L）条件下，窄"V"形尾迹的夹角并不相同（Stapleton，1997），这个差异能由 IKW 理论较好地解释，反之这一结论也进一步验证了 IKW 理论的正确性。在 SAR 遥感图像上，窄"V"形尾迹由两条呈小的"V"形夹角的亮线组成，其夹角小于 10°。

4.3.4　开尔文尾迹 SAR 遥感成像机理

开尔文（Kelvin）尾迹是由船只航行产生的海表面波所致。图 4.4(d) 为开尔文尾迹 SAR 遥感成像机理示意图。沿舰船航迹产生的海表面波的相互作用在开尔文尾迹内形成两个波峰, 波长小于 λ_c 的海表面波相互作用形成一个角度小于 ψ_c 的波峰, 这个波峰在图 4.4(d) 中用实线表示, λ_c 和 ψ_c 分别由式 (4.5) 和式 (4.6) 给出:

$$\lambda_c = \frac{4\pi V_s^2}{3g} \tag{4.5}$$

$$\psi_c = \tan^{-1}\sqrt{2} = 54.7° \tag{4.6}$$

其中, g 为重力加速度。波长大于 λ_c 的海表面形成一个角度大于 ψ_c 的波峰, 这个波峰在图 4.4(d) 中用虚线表示。这些海表面波中最长的波为船艏波, 船艏波的波峰垂直于船只航迹, 以与航速相等的相速度传播。船艏波的波长为:

$$\lambda_0 = \frac{2\pi V_s^2}{g} \tag{4.7}$$

在开尔文波的外侧波长为 λ_c 的波形成尖波 (cusp waves), 尖波波峰以 ψ_c 角连成一条线, 它们与沿着角度为 β_c 的两条线重合, β_c 由式 (4.8) 给出:

$$\beta = \beta_c = \pm \sin^{-1}(1/3) = \pm 19.5° \tag{4.8}$$

这两条线叫做开尔文包络线, 包容了开尔文尾迹内的所有波。需要说明的是, 开尔文包络线不是一个波峰, 它只表明尖波的位置。

综上不难看出, 开尔文尾迹主要源于船只航行产生的海表面长波对海表面微尺度波的调制导致, 调制过程主要包括长波与微尺度波间动力学相互作用的水动力调制、长波波面坡度变化导致局地入射角改变产生的倾斜调制、长波波面坡度变化导致有效散射面积改变产生的距离向聚束调制和由长波运动效应引起的速度聚束调制。

开尔文尾迹一般由船艏波、船艉波、湍流波、尖波、横波和开尔文包络线组成。在 SAR 遥感图像上, 船艏波和船艉波很少能看见, 尖波和横波也较少见, 只在部分 SAR 遥感图像中出现。SAR 遥感图像上典型的开尔文尾迹一般由中间暗的湍流波 (暗线) 和两侧亮的开尔文包络线 (亮线) 组成, 两条亮线与暗线的夹角一般为 19.5°。

第 5 章

SAR 海上舰船遥感图像特征

SAR 海上舰船遥感图像特征是 SAR 海上舰船遥感探测和分类识别的基础，一般情况下，不同类型的海上舰船具有不同的 SAR 遥感图像特征。因此，分析海上舰船 SAR 遥感图像特征可以为 SAR 海上舰船目标探测和分类识别研究提供科学依据。

5.1 SAR 海上舰船目标遥感图像特征

由于船体与海洋表面构成反射器，舰船的上层建筑也构成许多角反射器，舰船目标在 SAR 遥感图像中表现为亮目标。但在通常情况下，直接来自舰船的雷达回波构成了 SAR 遥感图像上典型的舰船特征，并成为 SAR 遥感图像中海上舰船的唯一特征。尤其是当舰船在未航行状态或较高海况破坏了船尾迹特征时，这种直接来自舰船雷达回波的舰船特征更为突出(Pichel et al.，2004)。

在低分辨率(低于 30 m)SAR 遥感图像上，舰船目标的遥感图像特征可能只是一个简单的单点像素，即舰船目标在低分辨率 SAR 遥感图像上为点目标，该像素对应的雷达海面后向散射强度远大于周围背景场(即背景海域)像素对应的雷达海面后向散射截面，表现在 SAR 遥感图像上，该点远远亮于局地海洋背景场。在高分辨率(高于 30 m)SAR 遥感图像上，舰船目标常表现为一系列亮点，即硬目标[图 5.1(a)]。当分辨率极高时(高于 10 m)，有可能分辨出舰船目标的结构特征。只要舰船具有较好的雷达后向散射特征，在很多海况条件下，即使小于 SAR 像素分辨率的舰船也能很容易被 SAR 遥感探测到。图 5.1 给出了一系列海上舰船 SAR 遥感图像特征。

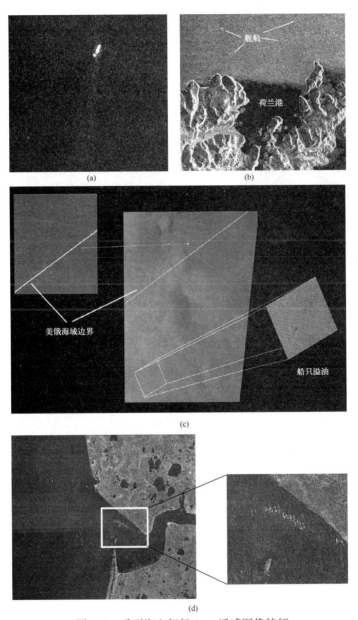

图 5.1　系列海上舰船 SAR 遥感图像特征

(a)1997 年 11 月 5 日美国东海岸切萨皮克湾 Radarsat-1 SAR 标准模式遥感图像上的舰船特征；(b)1998 年 2 月 20 日荷兰港 Radarsat-1 ScanSAR 宽幅遥感图像，在低风速条件下，锚定在荷兰港内的船只(圆圈所示位置)很容易被分辨，而港外海域风速稍大，船只的雷达后向散射强度与周围海水的雷达海面后向散射强度接近，其船只不易被识别；(c)2000 年 7 月 30 日美国-俄罗斯海域边界处的 Radarsat-1 ScanSAR 宽幅遥感图像，图中显示了边界处的俄罗斯捕捉鳕鱼的拖网船队，2000 年 8 月 1 日，在距海域边界 800 码美国专属经济区内，美国海岸防卫队逮捕了在这里捕鱼的俄罗斯拖网渔船；(d)2004 年 4 月 11 日美国东海岸阿拉斯加的布里斯托尔湾 Radarsat-1 SAR 标准模式遥感图像，图中显示了长为 10 m 左右的海上渔船此外，舰船目标在 SAR 遥感图像上的亮度分布不均，且存在"拖影"或"十字叉"图像特征，这使得传统的 SAR 海上舰船目标检测方法很难从 SAR 遥感图像中准确地分离出海上舰船目标。

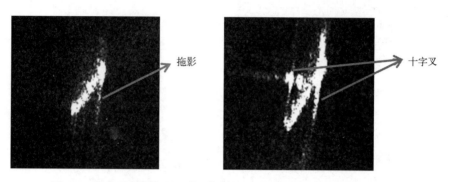

图 5.2　海上舰船目标呈现的"拖影"和"十字叉"SAR 遥感图像特征

5.2　不同类型舰船目标 SAR 遥感图像特征分析

5.2.1　货船 SAR 遥感图像特征

货轮是最常见的海上舰船之一，其结构也有明显的特征，如图 5.3 所示，船只的中部和前部用于放置货物，尾部是驾驶舱和休息舱，且结构较为复杂。图 5.4 是一艘

图 5.3　货轮图片

名为非洲海货轮(船长 173 m、宽 23 m)的 SAR 遥感图像,图像分辨率为 10 m,成像模式是 Radarsat-1 F2 模式,成像时间是 2005 年 8 月 29 日 17 时 55 分。彩图 1 是图 5.4 的三维图,清楚地显示出在对应船只的尾部区域有强烈的峰值,应为船只甲板面上的舱体结构对雷达波产生的强回波。

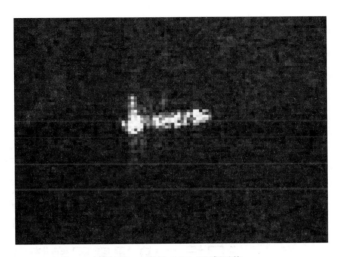

图 5.4　货轮 SAR 遥感图像

　　图 5.5(a)-(d)分别给出了多用途干(散)货船"Kings Town Zhong Hua Men"在 SAR 遥感图像、实测照片、散射分布特征和主轴亮度剖面图。其中散射分布是经过增强处理的,这样可以更好地突出高峰值点,可以看出机舱和起货机会在 SAR 遥感图像中形成高亮点,而在主轴亮度剖面上有多个相隔距离较远的峰值(张晰,2008)。

　　为了提取一个有效的 SAR 舰船目标识别特征,首先需要分析舰船目标的几何结构及其散射机理。在高分辨率 SAR 遥感图像中,舰船目标的散射强度分布是不均匀的,只有位于舰船特殊部位的两种结构会导致强后向散射。第一种是桅杆、栏杆、起重设备等与船舱表面的交互作用形成的二面角;第二种是栏杆的拐角与船舱表面形成的三面角。货船船尾的驾驶舱为强反射区,闭合舱口的边缘和甲板组成二面角,形成一些平行的强反射区,且间距较大,故形成如图 5.6(b)所示的孔洞。

　　对于有起重设备的货船来说,当雷达波入射角较大时,起重设备会遮挡住部分入射到较远距离船舷的雷达波,使得 SAR 遥感图像中的船舷一侧开口,如图 5.6(e)

所示。此外，海杂波较强时，船体散射较弱部分与海面信噪比较低也会出现这种现象。由图5.6(c)和图5.6(f)还可以看出，货船的局部雷达后向散射密度曲线在船尾处最高，船首和中间部分的一处或两处较高，其余部分较低。这也是货船的一个重要特征。

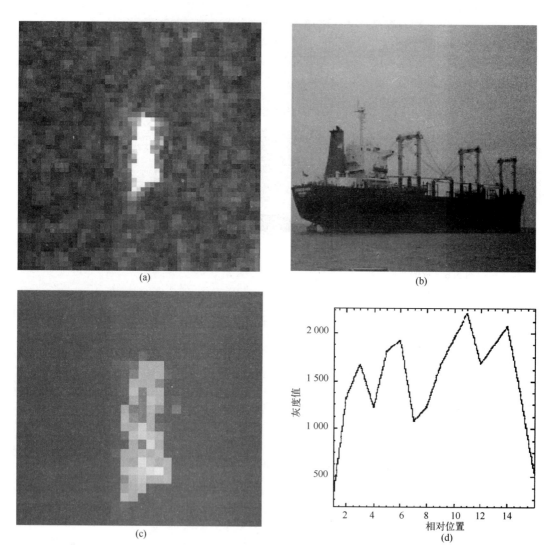

(a)

(b)

(c)

(d)

图 5.5 多用途干(散)货船"Kings Town Zhong Hua Men"SAR 遥感图像(a)、

实测照片(b)、散射分布特征(c)和主轴亮度剖面图(d)

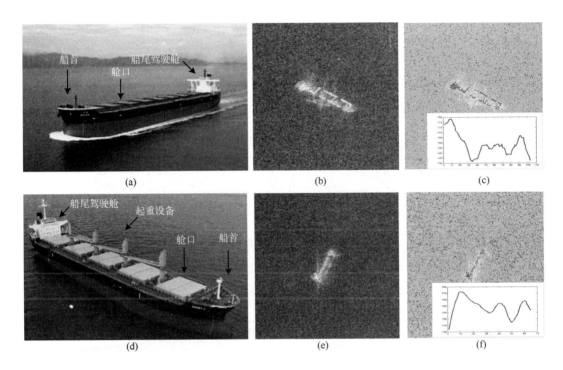

图5.6 货船实例照片(a)、(d);TerraSAR-X SAR 遥感图像切片(b)、(e)和
局部雷达后向散射密度曲线图(c)、(f)

5.2.2 油船 SAR 遥感图像特征

油轮(Oil Carrier)的船体结构与货轮类似,如图5.7所示,主要甲板结构集中在船只尾部。图5.8是一艘名为 CELINE I 油轮(船长243 m、宽32 m)SAR 遥感图像,图像分辨率为6.25 m,成像模式是 Radarsat-1 F2 模式,成像时间是2005年8月31日5时45分。彩图2是图5.8的三维图,尾部出现强峰值。

图5.9(a)-(d)分别给出了油轮"Hebei Pride"的 SAR 遥感图像、实测照片、散射分布特征和主轴亮度剖面图,可以看出绝大多数油轮的 SAR 遥感图像往往只有一个较高的峰值,且该峰值位于舰船主轴的尾部,大约对应机舱所在的位置(张晰,2008)。

从图5.10(b)可以看出,在 SAR 遥感图像中油船表面能形成强反射区的是船尾的驾驶舱部分、船体中轴线的输油管部分和小吊车部分。由于中小型油船的尺寸太

图 5.7　油轮图片

图 5.8　油轮 SAR 遥感图像

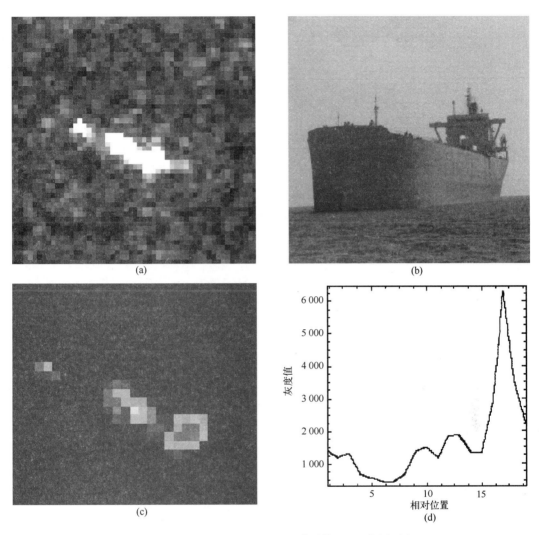

图 5.9　油轮"Hebei Pride"的 SAR 遥感图像(a)、实测照片(b)、

散射分布特征(c)和主轴亮度剖面图(d)

小,船体表面的散射强度变化不大,从而船只内部结构不明显,如图 5.10(e)所示。此外,由海浪导致或油船本身的运动等也可能形成这种现象。通过图 5.10(c)和图 5.10(f)还可以看出,大型油船的局部雷达后向散射密度曲线在船尾处最高,中后部和船首较高,而中前部较低;而中小型油船的局部雷达后向散射密度曲线近似梯形。

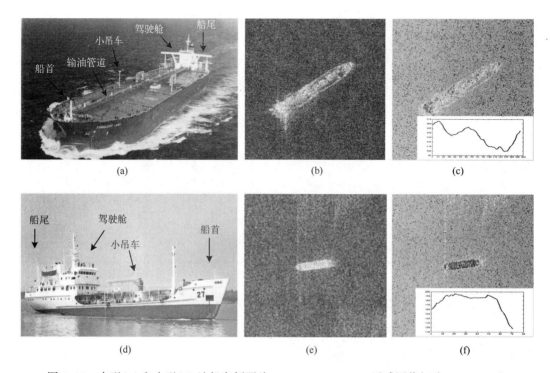

图 5.10　大型(a)和小型(d)油船实例照片，TerraSAR-X SAR 遥感图像切片(b)、(e)和
局部雷达后向散射密度曲线图(c)、(f)

5.2.3　集装箱船 SAR 遥感图像特征

集装箱船(Containor Ship)在海洋中也是常见的一类船只。集装箱船空船结构与货轮类似，装满集装箱后则构成了一个沿船体较为均衡的散射体(图5.11)。图5.12是一艘名为 P&O NEDLLOYD VESPUCCI 集装箱船(船长277 m、宽40 m)的 SAR 遥感图像，图像分辨率为10 m，成像模式是 Radarsat-1 F2 模式，成像时间是2005年8月29日17时55分。彩图3是图5.11的三维图，图上显示整个船体上出现多个峰值，且峰值较为均衡，这种特征在其他集装箱船只的 SAR 遥感图像上也有显示。

图5.13(a)-(d)分别给出了集装箱运输船"秋河"的 SAR 遥感图像、实测照片、散射分布特征和主轴亮度剖面图。由于集装箱船的箱体都是由正方形的金属制成，所以会形成强反射体。集装箱船的 SAR 遥感图像信号会存在多个相隔距离较为紧密的高峰值或多个高峰值信号相临近的特征，且这些高峰值点并不是沿着舰船主轴排列，可能

图 5.11　集装箱船图片

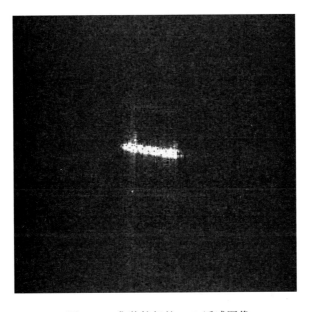

图 5.12　集装箱船的 SAR 遥感图像

分布在舰船主轴的两旁；但若集装箱船未装载货物时，其峰值特征与干货船的峰值特征近似(张晰，2008)。

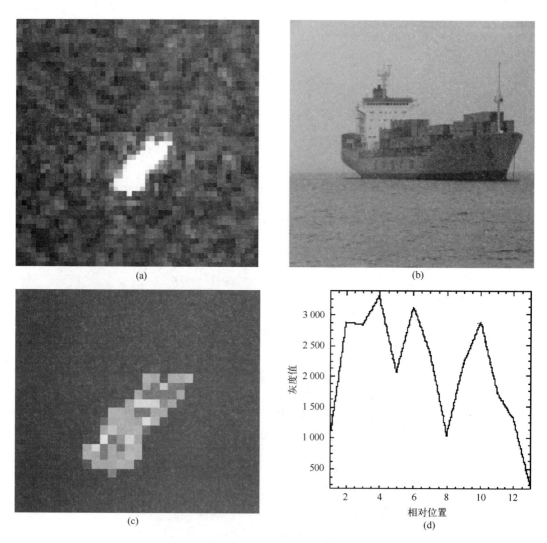

图5.13　集装箱运输船"秋河"的SAR遥感图像(a)、实测照片(b)、
散射分布特征(c)和主轴亮度剖面图(d)

　　集装箱船中装载的箱体都是由正方形的金属制成，它们中的拐角会引起强反射。若集装箱放置的整齐平稳，正对雷达的船体一侧与海面交接处组成一个大的二面角反射，为强反射区，集装箱也形成一些平行的强反射区，间距较小，如图5.14(b)所示。若集装箱放置得不规律，则形成大量零散的强散射点，如图5.14(e)所示。

此外，由图 5.14(c) 和图 5.14(f) 可以看出，局部雷达后向散射密度曲线是用一个滑窗沿主轴以 1 个像素的步长从船首滑至船尾，计算窗口中的等效局部雷达后向散射密度得出的曲线，反映了舰船目标沿主轴方向上不同区域的散射强度分布。集装箱船的局部雷达后向散射密度曲线在艏艉处较高，中间部分则呈现高低交错呈梳齿状。

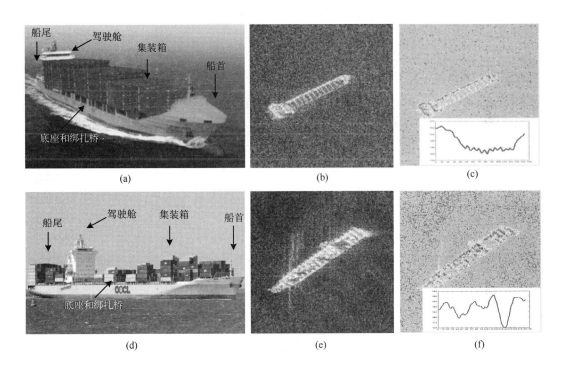

图 5.14　集装箱船实例照片(a)、(d)，TerraSAR-X SAR 遥感图像切片(b)、(e)和
局部雷达后向散射密度曲线图(c)、(f)

5.2.4　护卫舰 SAR 遥感图像特征

护卫舰是最国内外常见的军舰之一，图 5.15 是某型护卫舰(船长约 112 m、宽约 12.4 m)泊在码头时的 Radarsat-1 SAR 遥感图像，成像时间为 2005 年 8 月 29 日，成像模式为 F2。彩图 4 为图 5.15 的三维图，图上清楚地显示出船只中部明显的峰值。

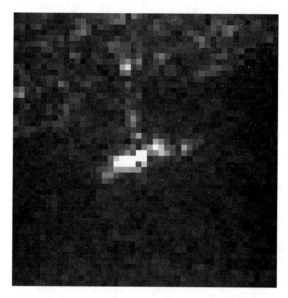

图 5.15 泊在码头的护卫舰 SAR 遥感图像

5.2.5 驱逐舰 SAR 遥感图像特征

图 5.16 是停靠在码头时的某型驱逐舰(船长约 156 m、宽约 17.2 m)Radarsat-1 SAR 遥感图像,成像时间是 2005 年 8 月 29 日,成像模式为 F2。由于驱逐舰停靠在岸边,所以码头也在图像上有显示,但是船体部分的特征还是非常明显,呈现出多个峰值,并且主峰值位置与甲板主结构吻合(彩图 5)。

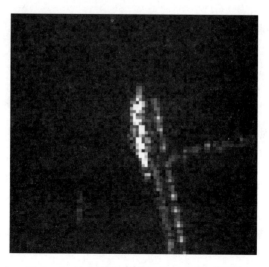

图 5.16 泊在码头的驱逐舰 SAR 遥感图像

5.2.6 航空母舰 SAR 遥感图像特征

航空母舰是海上最强的军事火力载体，是海上战略关注目标。图 5.17 是美国旧金山湾停泊的一艘航空母舰快鸟遥感图像，图上能清晰地看见甲板上的结构特征。图 5.18 是同一位置的"小鹰"号航空母舰的 Radarsat-1 SAR 遥感图像，（"小鹰"号航空母舰长 323.8 m、宽 76.8 m），图中显示了在指挥塔位置出现的强峰值 SAR 遥感图像特征。

图 5.17 2003 年美国旧金山湾附近航空母舰快鸟遥感图像

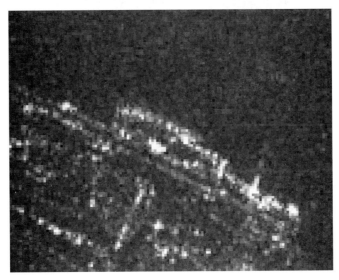

图 5.18 2003 年美国旧金山湾附近航空母舰 Radarsat-1 SAR 遥感图像

图 5.19(a)-(c)分别给出了航空母舰"里根"号的 SAR 遥感图像、实测照片和散射分布特征图，可以看出航空母舰的高散射点主要集中在船身一侧，对应于舰船的塔楼位置，与其他舰船类型有明显的不同(张晰，2008)。

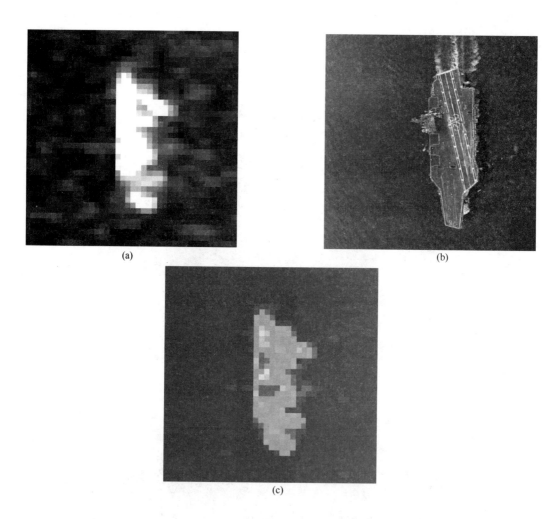

(a)

(b)

(c)

图 5.19　航空母舰"里根"号 SAR 遥感图像(a)、实测照片(b)和散射分布特征图(c)

以上分析表明，不同类型海上舰船的 SAR 遥感图像三维特征与船只甲板的物理结构密切相关，民船(包括货轮、油轮、集装箱船等)主要甲板结构一般集中在船只尾部，而军舰则集中在中部。这一特征在一定程度上可以用来区分民船和军舰。

5.3　舰船目标 SAR 几何特征统计分析

　　SAR 遥感成像与可见光遥感成像的最大区别是 SAR 遥感图像反映的是物体的雷达后向散射强度，而可见光遥感图像反映的目标光学特征与人眼基本一致。因此，从 SAR 遥感图像上获得目标的精确几何特征比较困难，影响因素也比较多。这就需要对从 SAR 遥感图像上量测的船只长度和宽度进行统计分析，并对主要影响因素进行探讨。

5.3.1　长度宽度测量精度分析

　　图 5.20 是统计给出的船只 SAR 测量长度和实际长度关系图。按照正常的测量统计，在没有系统误差的条件下，趋势线应该是一条斜率为 1、切距为 0 的直线。图 5.20 显示各点分布比较集中，与趋势线相关系数比较高，趋势线斜率为 0.92，测量值略大于真值。由此可见，利用 SAR 遥感图像直接测量船只的长度具有一定的准确率，可信度较高。

　　图 5.21 给出的是船只 SAR 测量宽度和实际宽度关系图。与图 5.20 相比，图 5.21 上各点分布明显散乱，相关系数低，趋势线斜率为 0.91。可见，利用 SAR 遥感图像直接测量船只的宽度测量值明显大于真值，测量误差也较大。

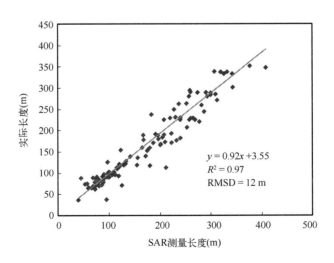

图 5.20　实验船只的 SAR 测量长度与实际长度关系图

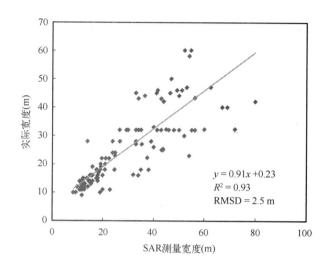

图 5.21　实验船只的 SAR 测量宽度与实际宽度关系

5.3.2　主要影响因素分析

影响 SAR 船只几何特征测量的因素很多，包括图像分辨率、方位向模糊效应、拖尾效应和旁瓣效应等。由于这些因素的存在，导致 SAR 遥感图像上船只的边界难以确定，直接影响其测量值。

5.3.2.1　图像分辨率

SAR 遥感图像分辨率对船只的长宽测量精度有重要影响。图 5.22 是 10 m 分辨率 SAR 船只测量长度与实际长度关系图，图上显示测量长度与实际长度有良好的相关性，相关系数为 0.93，接近 1.0，均方根误差较低，为 10.1 m。在统计意义上，船只的高分辨率 SAR 测量长度仍略大于实际长度。此外，对于船只的宽度测量，高分辨率的 SAR 遥感图像不能得到满意的结果。

图 5.23 是 10 m 分辨率 SAR 船只测量宽度与实际宽度关系图，与长度的结果相比依然较差。图 5.24 和图 5.25 分别是 25 m 分辨率 SAR 船只测量长度、宽度和实际长度、宽度之间的关系图。图 5.24 显示在 25 m 分辨率条件下，测量长度与实际长度的相关系数低于高分辨率条件下的相关系数，宽度也有类似的结果(图 5.25)。

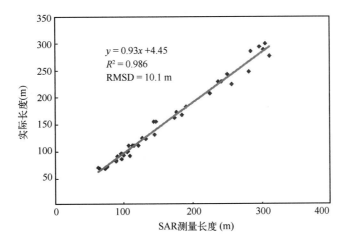

图 5.22　10 m 分辨率 SAR 船只的测量长度与实际长度关系图

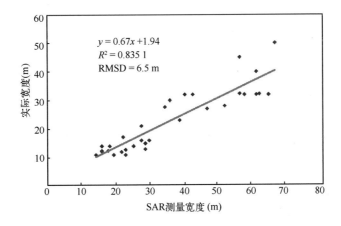

图 5.23　10 m 分辨率 SAR 船只的测量宽度与实际宽度关系图

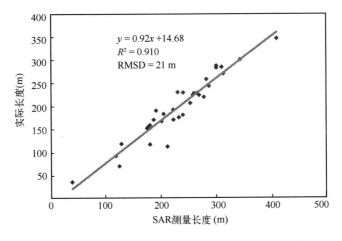

图 5.24　25 m 分辨率 SAR 船只的测量长度与实际长度关系图

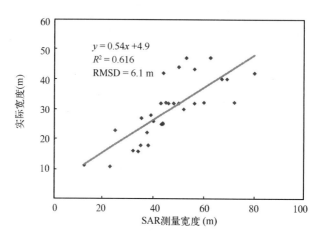

图 5.25　25 m 分辨率 SAR 船只的测量宽度与实际宽度关系

通过两种分辨率 SAR 船只长度宽度测量结果的比较可以发现，使用高分辨率 SAR（10 m）遥感图像进行船只长度测量的结果还是比较理想的，但是对宽度的测量还是有较大的误差。可以预见，随着未来超高分辨率 SAR 的应用，长度的测量结果将更精确。目前，宽度测量受到 SAR 遥感成像机制的影响，精度难有较大提高，但未来如果使用更高精度的 SAR 遥感图像，宽度测量的精度还有很大的提高空间。

5.3.2.2　方位向模糊效应

SAR 遥感图像上快速运动的船只会产生多普勒位移和方位向模糊效应。方位向模糊效应使图像上的运动船只变得难以辨认，从而使几何特征发生改变。模糊效应的程度，与船只相对 SAR 的速度有关。图 5.26 显示了名为 NORASIA ENTERPRISE 船只运动产生的方位向模糊效应，该船当时正沿着与方位向大致相反的方向以 17.4 kn 的速度航行，图像上有明显的多普勒位移，且被明显拉长，船只边缘变得难以辨认。方位向模糊一般会造成船只长度被拉长，形成测量误差。

5.3.2.3　旁瓣效应

旁瓣效应在 SAR 遥感图像上表现为一种在方位向或者距离向呈现出的十字形放射状亮纹特征，当两个方向同出现时旁瓣效应时则表现出十字形亮纹。旁瓣效应通常出现在船只和人工建筑物等具有强散射特性的点目标上，形成的主要原因是目标的回波信号非常强烈，SAR 天线的旁瓣回波也非常强，以致无法抑制。图 5.27 分别显示运动船只和泊在锚地船只产生的旁瓣效应图。旁瓣效应使得船只的边界被掩盖，导致测量产生误差。

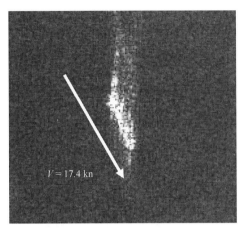

图 5.26　10 m 分辨率 SAR 遥感图像上运动船只产生的拖尾效应

(a) 运动中的船只

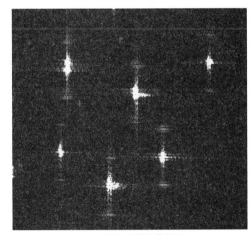

(b) 泊在锚地的船只

图 5.27　旁瓣效应

5.4　舰船目标 SAR 散射特征统计分析

表 5.1 给出了对各类海上舰船 SAR 散射特征进行分析得到的典型民船 SAR 后向散射特征。通过表 5.1 分析可以认为，强雷达后向散射分布位置与舰船表面结构有较高的相关性，且此特征较稳定。

表 5.1　典型舰船 SAR 后向散射特征统计分析表

船名	类型	主要结构分布	雷达散射基本特征
AFRICAN	货轮	船只后部	最强散射位于船只后部，次强散射出现在前部
OLYMPIUS	货轮	船只后部	最强散射出现在船只后部
PACIFIC NAVIGATOR	货轮	船只后部	强散射出现在船只后部
HEIBEI STAR	货轮	船只后部	强散射出现在船只后部
CELINE I	油轮	船只后部	强散射出现在船只后部
DAQING 437	油轮	船只后部	最强散射位于船只后部
M BUNGA KELANA 6	油轮	船只后部	最强散射出现在船只后部和中部
XINHAI SHUN FA	油轮	船只后部	强散射出现在船只后部
EVER GUARD	集装箱船	船只后部	强散射出现在船只后部
KAMA BHUM	集装箱船	船只后部	强散射出现在船只前部、中部、后部
MO UNITY	集装箱船	船只后部	强散射出现在船只中部和后部
NORASIA ENTERPRISE0	集装箱船	船只后部	强散射出现在油船前部、中部、后部
P&O NEDLLOYD VESPUCCI	集装箱船	船只后部	强散射出现在船只前部、中部和后部
……	……	……	……

5.5　SAR 海上舰船尾迹遥感图像特征

SAR 遥感图像的船尾迹遥感特征对于开展 SAR 海上舰船遥感探测和船只运动参数提取具有重要意义。基于 SAR 遥感图像上观测到的海上舰船尾迹，船尾迹可以分为湍流尾迹、内波尾迹、窄"V"形尾迹和开尔文尾迹(图 5.28)，并且在 SAR 船尾迹中，湍流尾迹和开尔文尾迹占大多数，窄"V"形尾迹和内波尾迹比较少见。

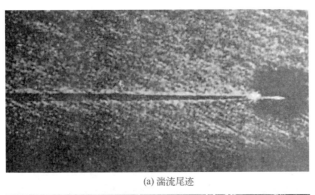

(a) 湍流尾迹

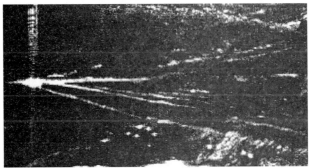

(b) 内波尾迹

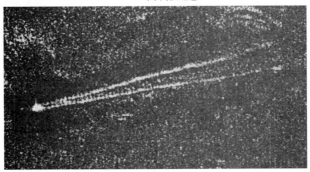

(c) 窄"V"形尾迹

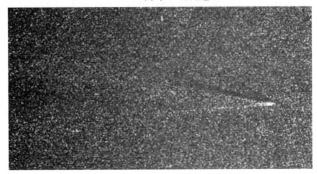

(d) 开尔文尾迹

图 5.28　四类船尾迹的典型 SAR 遥感图像

通过大量星载 SAR 船尾迹遥感图像的分析研究，将船尾迹 SAR 遥感图像特征分为 4 类 11 种(表 5.2)。

表 5.2　海上舰船 SAR 船尾迹类型

尾迹类型	尾迹种类
湍流尾迹	暗的湍流尾迹
	亮的湍流尾迹
	一暗一亮的湍流尾迹
	两亮一暗的湍流尾迹
	油污湍流尾迹
内波尾迹	内波尾迹
窄"V"形尾迹	亮"V"形尾迹
开尔文尾迹	尖波
	横波
	典型开尔文尾迹
	有一臂可见的开尔文尾迹

5.5.1　湍流尾迹 SAR 遥感图像特征

湍流尾迹是 SAR 遥感图像上最常见的尾迹类型，常表现为沿着船舶航迹方向的一条细线。当船航行方向存在沿卫星距离向的分量时，会发生多普勒频移，在 SAR 遥感图像上表现为船与其航迹之间有位移。当船航行方向与距离向相反时，船向方位向位移，为正位移；当船航行方向与距离向一致时，船向与方位向相反的方向位移，为负位移，故向着船航行方向，船总在其尾迹的右侧。

根据湍流尾迹在 SAR 遥感图像中的亮暗特征，湍流尾迹可以分为暗的湍流尾迹、亮的湍流尾迹、一暗一亮的湍流尾迹、两亮一暗的湍流尾迹和油污湍流尾迹五种。

5.5.1.1　暗的湍流尾迹

暗的湍流尾迹是湍流尾迹中最为常见的一种，其在 SAR 遥感图像上表现为亮的点目标后有一细长的暗线。图 5.29 为 2000 年 6 月 10 日舟山海域的 ERS-2 SAR 遥感图像，图中两艘船向相反方向航行，其后均有细长的暗线，为暗的湍流尾迹，船 1 尾迹长约 2.25 km，船 2 尾迹长约 1.18 km。图 5.30 为 1998 年 6 月 5 日的 ERS-2 SAR 遥感图像，两船均有暗的湍流尾迹，并在方位向有多普勒位移。船 1 尾迹长约 6.15 km，船 2 尾迹长约 5.37 km。

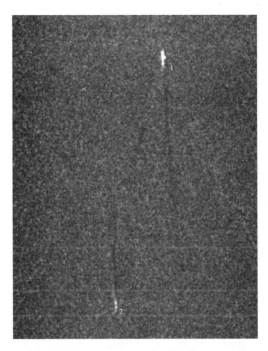

图 5.29　2000 年 6 月 10 日舟山海域的 ERS-2 SAR 遥感图像

注：显示了暗的湍流尾迹 SAR 遥感图像特征。

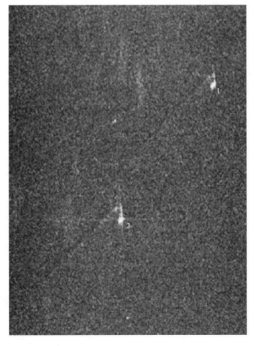

图 5.30　1998 年 6 月 5 日的 ERS-2 SAR 遥感图像

注：显示了暗的湍流尾迹 SAR 遥感图像特征。

图 5.31 为 1999 年 1 月 24 日 6 时 5 分渤海海域 Radarsat SAR 遥感图像，成像模式为 Scan SAR Wide(SCW)，图像分辨率为 100 m。图中有两条船：一条有暗的湍流尾迹；另一条尾迹不明显。图 5.32 为 1998 年 5 月 11 日 18 时 23 分珠江口 Radarsat SAR 遥感图像，成像模式为 S2，图像分辨率为 25 m×28 m，图中 3 条船均有暗的湍流尾迹。

图 5.31　1999 年 1 月 24 日 6 时 5 分渤海海域 Radarsat SAR 遥感图像

注：显示了暗的湍流尾迹 SAR 遥感图像特征。

图 5.32　1998 年 5 月 11 日 18 时 23 分珠江口 Radarsat SAR 遥感图像

注：显示了暗的湍流尾迹 SAR 遥感图像特征。

5.5.1.2　亮的湍流尾迹

在风速较小、水面平静时，或者在有油污的海面上，船行进时产生的湍流、浪花和泡沫形成强的雷达后向散射，在 SAR 遥感图像上会出现亮的湍流尾迹，表现为在 SAR 遥感图像上亮的点目标后有一细长的亮线。

图 5.33 为 1996 年 4 月 9 日中国南海的 ERS-1 SAR 遥感图像，图中船向北东方向航行，其后拖着很长的亮的尾迹，由于湍流尾迹形成的浪花、泡沫打破了平静的表面，致使在暗的背景区(表面油膜)亮的湍流尾迹尤为明显。图 5.34 为 2000 年 10 月 28 日舟山海域的 ERS-2 SAR 遥感图像，图中一条较大的船向北航行，其后拖有长约 8 km 的亮的湍流尾迹，两条较小的船并列向南航行，亮的湍流尾迹长约 1.5 km。图 5.35 为 2000 年 10 月 28 日舟山海域的 ERS-2 SAR 遥感图像，亮的湍流尾迹在有油污的区域更为明显。图 5.36 为台湾海峡的 Radarsat SAR 遥感图像，成像模式为 SCAN SAR WIDE，成像时间为 1996 年 12 月 31 日 6 时 1 分，分辨率为 100 m，图中船为一小亮点，湍流尾迹为一细长亮线，长约 2.5 km。

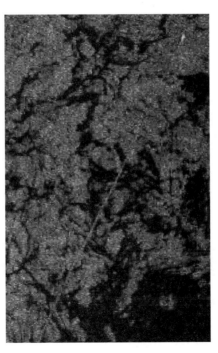

图 5.33　1996 年 4 月 9 日中国南海的 ERS-1 SAR 遥感图像

注：显示了亮的湍流尾迹 SAR 遥感图像特征。

图 5.34 2000 年 10 月 28 日舟山海域的 ERS-2 SAR 遥感图像(1)

注：显示了亮的湍流尾迹 SAR 遥感图像特征。

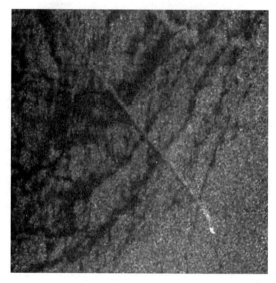

图 5.35 2000 年 10 月 28 日舟山海域的 ERS-2 SAR 遥感图像(2)

注：显示了亮的湍流尾迹 SAR 遥感图像特征。

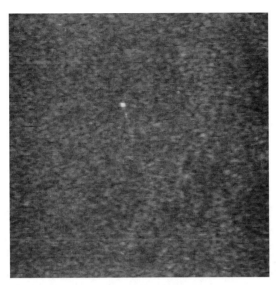

图 5.36　1996 年 12 月 31 日 6 时 1 分台湾海峡的 Radarsat SAR 遥感图像

注：显示了亮的湍流尾迹 SAR 遥感图像特征。

5.5.1.3　一暗一亮的湍流尾迹

在暗的湍流尾迹迎风面的一侧常会出现一条亮的条带。图 5.37 为 2000 年 10 月 28 日舟山海域的 ERS-2 SAR 遥感图像，图中 4 条船双双并列前行，在船的右侧湍流尾迹为亮线，左侧为暗线。

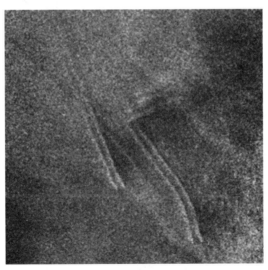

图 5.37　2000 年 10 月 28 日舟山海域的 ERS-2 SAR 遥感图像

注：显示了一暗一亮的湍流尾迹 SAR 遥感图像特征。

5.5.1.4 两亮一暗的湍流尾迹

两亮一暗的湍流尾迹表现为在暗的湍流尾迹两侧均出现亮带。图 5.38 为 ERS SAR 遥感图像,图中船尾迹中间为暗线,两侧为相对较宽的亮带。

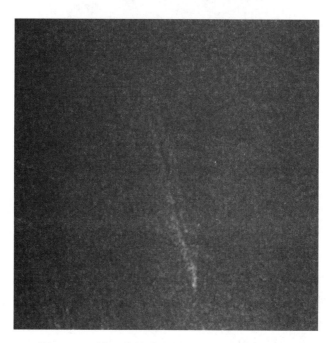

图 5.38　两亮一暗的湍流尾迹 SAR 遥感图像特征

5.5.1.5 油污尾迹

当船排污时,在其后由于油膜的聚集,在 SAR 遥感图像上常形成黑色的线或条带。图 5.39 为 1995 年 8 月 9 日 10 时 29 分 ERS-1 SAR 遥感图像,图中船向北航行,其后拖着长长的油污尾迹。图 5.40 为 1994 年 7 月 16 日 10 时 18 分 ERS-1 SAR 遥感图像,船尾迹可明显地显示出船航行方向的变化。

5.5.2　内波尾迹 SAR 遥感图像特征

内波尾迹在 SAR 遥感图像中较为少见,在 SAR 遥感图像上表现为在船后面与船航行方向平行的波列,常呈亮的近平行的条带。

图 5.41 为 1997 年 3 月 27 日长江口外海 ERS-1 SAR 遥感图像,图中船 1 和船 2 后面均有内波尾迹,其中船 2 的内波尾迹尤为明显。图 5.42 是图 5.41 方框中的放大图像,显示了组成船 2 内波尾迹的亮条带状波列分布。

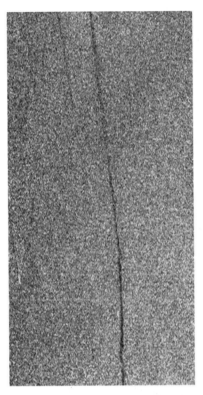

图 5.39　1995 年 8 月 9 日 10 时 29 分 ERS-1 SAR 遥感图像

注：显示了油污尾迹 SAR 遥感图像特征。

图 5.40　1994 年 7 月 16 日 10 时 18 分 ERS-1 SAR 遥感图像

注：图中船后有黑色调很长的油污尾迹。

图 5.41　1997 年 3 月 27 日长江口外海 ERS-1 SAR 遥感图像

注：显示了内波尾迹 SAR 遥感图像特征。

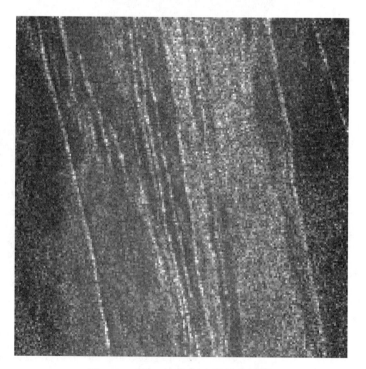

图 5.42　图 5.41 方框中的放大图像

注：显示了内波尾迹 SAR 遥感图像特征。

5.5.3　窄"V"形尾迹 SAR 遥感图像特征

窄"V"形尾迹在 SAR 遥感图像中较为少见，在 SAR 遥感图像上窄"V"形尾迹由两条呈小的"V"形夹角的亮线组成，窄"V"形尾迹的形状与开尔文尾迹类似，均有"V"形张角，张角一般小于 10°，其出现时一般两个边都呈亮色。

图 5.43 为航天 L 波段 SAR 探测到的窄"V"形尾迹，图中尾迹夹角的两臂在暗的背景中呈很强的亮线。图 5.44 为 1996 年 2 月 6 日 10 时 39 分渤海海峡 ERS-1 SAR 遥感图像，图中船尾迹呈窄"V"形夹角。

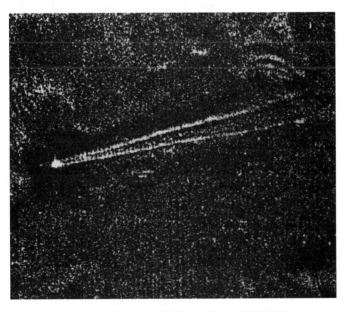

图 5.43　航天 SAR 探测到的窄"V"形船尾迹

5.5.4　开尔文尾迹 SAR 遥感图像特征

开尔文尾迹最早由 Lord Kelvin 做了理论解释，并以他的名字命名。通常开尔文尾迹有"V"字形形状，而且"V"字的张角固定为 39°，有时"V"字形的两条边（开尔文臂）不同时出现。开尔文尾迹一般由船艏波、船艉波、湍流波、尖波、横波和开尔文包络线组成。在 SAR 遥感图像上，船艏波和船艉波很少能看见，尖波和横波也较少见，只在部分遥感图像中会出现。SAR 遥感图像上典型的开尔文尾迹一般由中间

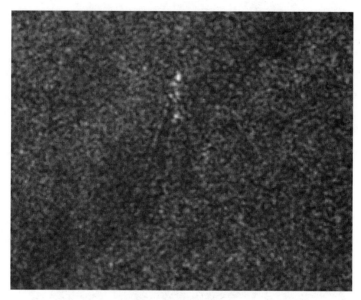

图 5.44 1996 年 2 月 6 日 10 时 39 分渤海海峡 ERS-1 SAR 遥感图像

注：图中有窄"V"形船尾迹。

暗的湍流波(暗线)和两侧亮的开尔文包络线(亮线)组成，两条亮线与暗线的夹角一般为 19.5°。

5.5.4.1 尖波

尖波在 SAR 遥感图像上常见分布于开尔文尾迹的包络线上，呈细小的波状纹理。图 5.45 为 2001 年 9 月 6 日成像的法国科西嘉岛附近的 ERS-2 SAR 遥感图像，图中船只向南航行，其后有开尔文尾迹，中间暗的为湍流波，开尔文尾迹的两臂没出现，细小的波状纹理沿包络线的位置分布，为尖波影像特征。

5.5.4.2 横波

横波是指垂直于船只航行方向的波列，在 SAR 遥感图像上表现为与湍流波相垂直的波状纹理。图 5.46 为 2001 年 9 月 6 日成像的法国科西嘉岛附近海域的 ERS-2 SAR 遥感图像，图中船只的开尔文尾迹左臂清晰可见，而右臂不明显，与湍流波相垂直的方向有波状纹理，为横波影像特征。

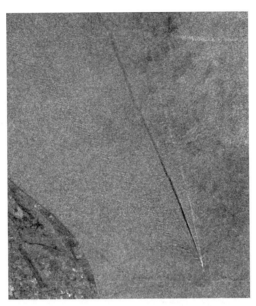

图 5.45　2001 年 9 月 6 日成像的法国科西嘉岛附近的 ERS-2 SAR 遥感图像

注：图中显示了尖波 SAR 遥感图像特征。

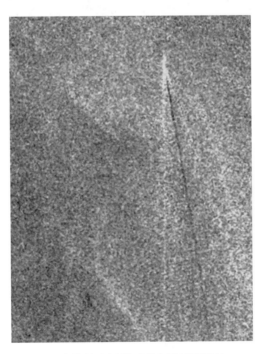

图 5.46　2001 年 9 月 6 日成像的法国科西嘉岛附近海域的 ERS-2 SAR 遥感图像

注：图中显示了横波 SAR 遥感图像特征。

5.5.4.3 典型开尔文尾迹

典型开尔文尾迹由夹角约为 39° 的亮的两开尔文臂和中间暗的湍流波组成。图 5.47 为 1997 年 10 月 21 日新加坡南部海区的 ERS-2 SAR 遥感图像，图中可见开尔文尾迹的两侧亮的包络线和中间暗的湍流波，两条开尔文包络线的夹角约为 39°。

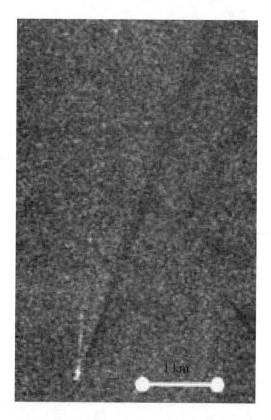

图 5.47　典型的开尔文尾迹 ERS-2 SAR 遥感图像

5.5.4.4　一臂可见开尔文尾迹

通常情况下，开尔文尾迹要么左臂不可见，要么右臂不可见，有时甚至两臂都不可见。当开尔文尾迹的一臂与卫星飞行方向垂直时，在 SAR 遥感图像上经常看不到。图 5.48 为 1996 年 4 月 9 日南海的 ERS-2 SAR 遥感图像，图中开尔文尾迹只有右臂出现。图 5.49 为 1996 年 5 月 4 日马六甲海峡的 ERS-2 SAR 遥感图像，图中开尔文尾迹只有左臂出现。

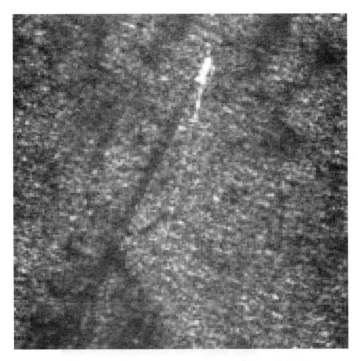

图 5.48 仅出现右臂的开尔文尾迹 SAR 遥感图像

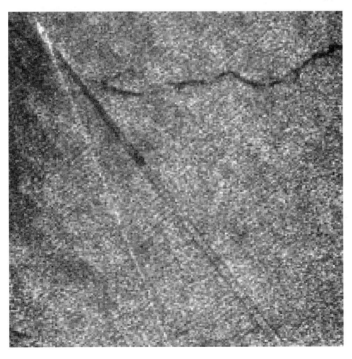

图 5.49 仅出现左臂的开尔文尾迹 SAR 遥感图像

5.6 影响 SAR 海上舰船目标遥感成像的主要因素

影响 SAR 海上舰船遥感成像或海上舰船检测能力的主要因素包括舰船因素、海况因素、SAR 系统因素和 SAR 图像因素(Pichel et al.，2004)。其中舰船因素包括舰船的结构、形状和尺寸等。海况因素主要指在不同的海况条件下，SAR 海上舰船遥感成像质量也不同。SAR 系统因素包括系统极化方式、工作模式和雷达观测条件等。SAR 图像因素包括图像质量和图像分辨率等。Vachon 等(1997)分析认为，在分辨率高、入射角大、海面风速低时，SAR 海上舰船遥感成像质量较高。Gordon 和 Staples(1997)指出，海面风速、雷达入射角、舰船类型、舰船航向与 SAR 视向之间的夹角，以及海面风向与 SAR 视向之间的夹角都影响 SAR 海上舰船检测能力。

5.6.1 舰船因素

SAR 是通过接收舰船的反射波获得其信息的，而舰船由于其类型、大小、空间结构等的不同，使得其雷达后向散射特性也不尽相同。近年来，国内外学者们通过研究电磁波在各种形状、各种尺寸舰船上的散射性能指出，在大部分情况下，舰船像素的散射机理和海面像素的散射机理不同，舰船的散射类型主要是二面角、窄二面角和1/4波能装置(Ringrose et al.，1999)。而 Yeremy 等(2001)则指出海上舰船的主要散射机制除了上述三种外，还包括偶极子散射和柱面散射，其中柱面散射有可能是由大面积甲板散射形成的。

5.6.2 海况因素

风速是决定海况条件的重要因素，因此雷达成像应与风速有关。在雷达入射角相同的情况下，当海面比较平静时，海面对雷达波束是镜面反射，海面回波信号比较弱，此时背景很暗，船只由于存在角反射，在 SAR 遥感图像上表现出亮色，船与海面表现出强烈反差[图 5.50(a)所示]。而海风比较强烈的情况下，海面回波信号主要来自微尺度波的 Bragg 散射，回海面会随机表现出较强的回波，这些回波信号有时会掩盖船只信号，使其难以辨认[图 5.50(b)所示]。一般地，海面风速小于 10 m/s 时，SAR 可探测到海上舰船，但海面风速超过 10 m/s（13.2 m/s），Vachon 等（2000）也验证了 SAR 对海上舰船遥感成像的能力。

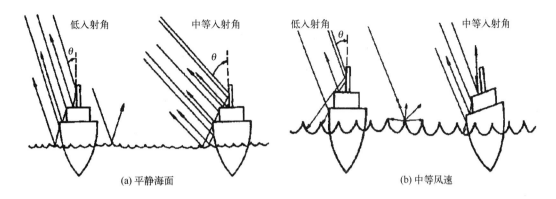

图 5.50　不同海况下海上舰船的雷达回波示意图

　　在近岸海域，如果缺乏近岸地形信息，很难从 SAR 遥感图像上区分船只和小岛。在沿海冰边缘海域，与船只大小相同的海冰 SAR 遥感图像特征相似，也难以与附近的船只进行区分（Pichel et al.，2004）。

　　此外，不同工作模式下 SAR 对船只的探测能力也与风速有关（Olsen and Wahl，2003）。表 5.3 为 ENVISAT ASAR 各模式船只遥感成像能力与风速的关系。从表 5.3 中可以看出，当海面风速较弱时，即海况较好时，较小长度的船只也能成像，随着风速的增强，能够成像的最小船只长度也不断增加。可见海况条件与 SAR 船只成像能力密切相关。

表 5.3　ENVISAT ASAR 各模式船只遥感成像能力与风速的关系

船长（m）／风速（m/s）／模式	5	10	20
IS1	64~72	77~87	89~121
IS4	11~15	15~23	25~39
IS7	6~8	8~14	17~27
SS1	149~171	182~211	216~300
SS5	22~31	30~50	59~94

5.6.3 雷达参数

5.6.3.1 SAR 系统

Vachon 等(1997)对 ERS-1 和 Radarsat SAR 能检测到的最小船长进行比较后指出，ERS-1 SAR 的检测能力最差，Radarsat SAR 的 S1、S3 和 S7 模式中，S7 模式的检测能力较好(图 5.51)。

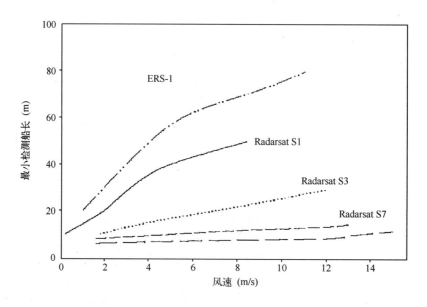

图 5.51　不同 SAR 系统最小检测船只长度与海面风速关系图

5.6.3.2 观测模式

即使同一个 SAR 卫星，若其观测模式不同，则其对舰船目标的检测能力也不相同。图 5.52 给出了 Radarsat SAR 和 ERS-1/2 SAR 不同波束模式和入射角条件下舰船检测能力比较图。该图清晰显示了 Radarsat SAR 不同观测模式检测舰船的能力，对于给定的观测模式，随着入射角的增加，可以从 SAR 图像检测到更小的舰船。图中 ERS 代表 ERS-1/2，SCW 代表 Radarsat SAR 的 ScanSAR 宽幅模式，SCN far 和 SCN near 分别代表 ScanSAR 窄幅远距波束和近距波束模式，S1~S7 代表标准模式，W1~W3 代表宽幅模式，F1~F5 代表精细模式，EH1~EH6 代表扩展高分辨率模式，EL1 代表扩展低分辨率模式(Vachon et al.，1997)。

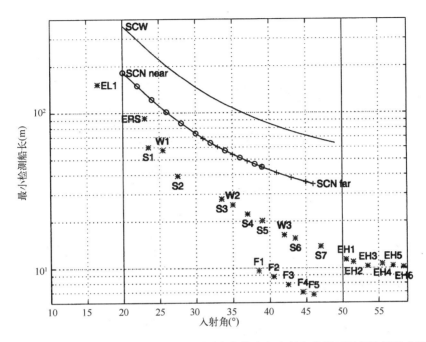

图 5.52　Radarsat SAR 和 ERS-1/2 SAR 不同波束模式和入射角条件下舰船检测能力比较图

Vachon 等(1997)通过对 Radarsat 各个波束模式遥感图像的验证试验,给出了不同波束模式检测率的统计结果。结果表明,最不适合检测舰船的模式有 S1~S3、W1 和 W2,舰船检测率为 77%;当即要求有宽覆盖区域又要求有高的舰船检测能力时,可以使用 ScanSAR 窄幅远波束模式,舰船检测率为 81%;舰船检测的推荐模式是大入射角的单波束模式,如:W3、S4~S7、F1~F5 和 EH1~EH6,舰船检测率为 97%。图 5.52 中对 Radarsat SAR 不同波束模式的舰船检测能力进行了比较,纵坐标是在海面风速为 10 m/s、风朝向雷达吹时的船只最小检测长度(m)。

5.6.3.3　波段

对于不同的 SAR 工作波段,如 L 波段和 C 波段,对船只和海面的成像也有差异。海面对不同波段电磁波的回波强弱不同,造成 SAR 对船只的成像也有一定的差异。图 5.53 为同一地区的 L 波段和 C 波段图像,两幅图均为 HH 极化和 27°入射角。从图 5.53(a)上可明显看出,C 波段 SAR 图像上的海面回波较强,图像中夹杂着许多较亮的斑点,这些斑点基本呈孤立式均匀分布,而图 5.53(b)中 L 波段 SAR 图像上的海面噪声很弱,船只与海面背景反差明显。两幅图中的同一船只在图像上的大小也略有差异，如两图中圆圈标记处船只图像。图 5.53（a）中圆圈左上方有一艘小的船只，而在图 5.53（b）中这个船只难以辨认，可见两个不同波段 SAR 的船只探测能力有一定差异。

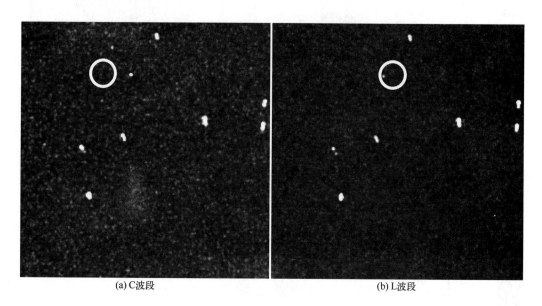

(a) C波段

(b) L波段

图 5.53   1994 年 10 月 10 日成像的 C 波段和 L 波段 HH 极化 SIR-C SAR 遥感图像

5.6.3.4   入射角

不同的星载 SAR 系统，其入射角、波段和极化方式等参数各不相同，对于舰船的观测能力也不同。大入射角条件下，海面的后向散射弱，此时船只由于角反射的原因，船和海面形成较大反差。小入射角条件下，海面后向散射较强，船只与海面反差降低。随着入射角的增大，SAR 接收到的海上舰船反射回波越强，一般来讲，中等入射角时回波信号强。图 5.50 示意给出了入射角对舰船目标反射回波的影响。图 5.54 则实例对比了不同入射角下获得的舰船雷达后向散射强度与周围背景海水的雷达海面后向散射强度。可以看出，在高入射角条件下，舰船信号与周围背景海水信号的对比度较大（目标 8），而在小入射角条件下，舰船信号与周围背景海水信号的对比度降低（目标 10）（Pichel et al.，2004）

图 5.55 为加拿大 Radarsat SAR S7 模式图像，与图 5.56（b）相比较，同为 C 波段和 HH 极化，入射角前者为 47°，后者为 23°。可以看出图 5.56（b）上的海面回波较强。

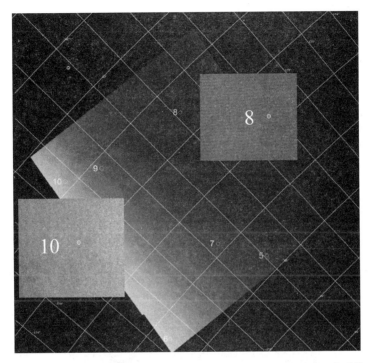

图 5.54 1999 年 4 月 13 日获得的北太平洋 Radarsat-1 SAR 遥感图像

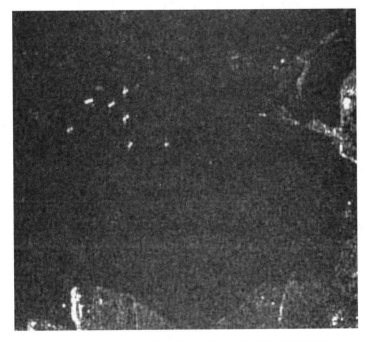

图 5.55 1997 年 2 月 10 日 Radarsat S7 SAR 遥感图像

5.6.3.5 极化方式

SAR 极化方式一般采用 HH 极化和 VV 极化。在同等条件下，VV 极化产生的海面回波要强于 HH 极化，HV 极化的海面回波最弱。如图 5.56 所示，VV 极化图像上的海面回波明显强于 HH 极化和 HV 极化，从而导致一些海面噪声亮度接近船只点的亮度，给船只的探测带来一定困难。

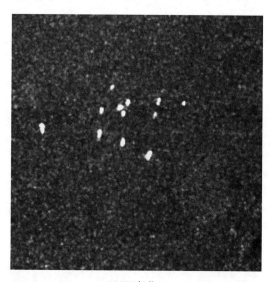

(a) VV 极化

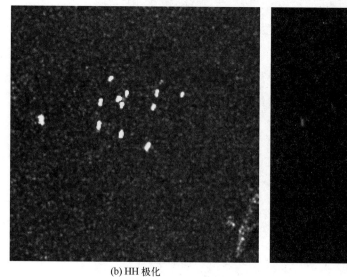

(b) HH 极化　　　　　　　　　　　(c) HV 极化

图 5.56　1994 年 10 月 10 日成像的 VV 极化、HH 极化和 HV 极化方式 SIR-C SAR 遥感图像

不同极化条件下 SAR 对船只的探测能力有一定差异，表 5.4 为风速 10 m/s 的海况

下，ENVISAT ASAR 不同工作模式下的船只探测能力（Olsen and Wahl，2003）。从表 5.4 可以看出 HH 和 VV 不同极化下各模式的探测能力有一定差异。

表 5.4　ENVISAT ASAR 在海面风速 10 m/s 下不同模式 HH 极化和 VV 极化的船只探测能力

船 长（m）　极化方式 模　式	HH 极化	VV 极化
IS1	76~85	77~87
IS4	11~16	15~23
IS7	5~8	8~14
SS1	173~200	182~211
SS5	19~31	30~50

综合以上分析可以认为：C 波段、大入射角和 HH 极化有利于海上舰船遥感成像。实际上在加拿大的 Radarsat SAR（C 波段 HH 极化，平均入射角为 35°左右）和日本的 JERS-1 SAR（L 波段 HH 极化，平均入射角为 38°）遥感图像上，舰船目标比欧空局的 ERS SAR 和 ENVISAT ASAR（C 波段 VV 极化，平均入射角为 23°）遥感图像上的船只目标更清楚。图 5.57 为一幅 Radarsat SAR 图像，入射角为 41°。图 5.58 为 ERS SAR 图像，入射角为 23°。比较两幅图像可发现，Radarsat SAR 对船只的遥感成像效果比 ERS SAR 要好。

5.6.4　SAR 遥感图像因素

SAR 遥感图像因素包括图像质量和图像分辨率（Pichel et al.，2004）。图像质量方面，SAR 遥感图像的处理误差及图像上固有的斑点噪声会干扰舰船检测算法，SAR 斑点噪声表现为比背景像素亮得多或暗得多的随机像素，利用 SAR 船只检测算法，图中低雷达后向散射区（表面回波低于 SAR 的噪声水平，即低于最小能探测到的 SAR 后向散射）的斑点噪声常被视为小型船只。由于较小的舰船难以与斑点噪声区分，因此，SAR 遥感图像上的斑点噪声也会最终限制可被探测到的船只的最小尺度。SAR 遥感图像处理过程中会产生一系列问题，例如 ScanSAR 遥感图像中不同波束之间明显的衔接边界、天底模糊（沿卫星轨迹的一条亮线，当 SAR 接收到来自卫星天底点表面的回波时而形成）、ScanSAR 遥感图像中的扇贝（Scalloping）效应，以及由处理误差引起的

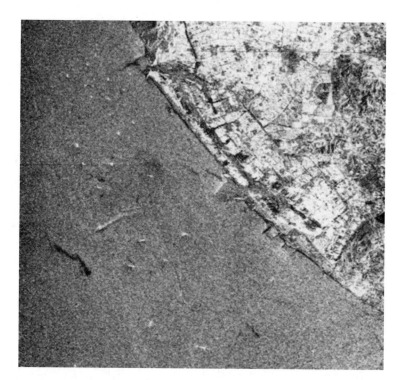

图 5.57　2000 年 1 月 7 日台湾省高雄港附近水面船只 Radarsat SAR 遥感图像

图 5.58　1997 年 3 月 27 日台湾省高雄港附近水面船只 ERS SAR 遥感图像

垂直卫星轨迹的噪声线等，这些问题都会影响 SAR 海上舰船遥感探测能力。

　　图像分辨率方面，尽管不同观测模式的星载 SAR 遥感图像都可用来检测舰船，但是某些观测模式具有较强的海上舰船检测能力。针对 Radarsat SAR 遥感图像，Vachon和 Olsen（2000）建议利用 ScanSAR 窄幅远距模式（空间分辨率 50 m，刈幅宽度 300 km，入射角为 31°~46°）或 ScanSAR 宽幅模式（空间分辨率 100 m，刈幅宽度 450~510 km，入射角 20°~49°）SAR 遥感图像检测舰船。尽管 ScanSAR 观测模式能够覆盖较大的范围，却无法对近岸小渔船进行检测。同时，利用更高分辨率观测模式（标准、宽幅、精细）的 SAR 遥感图像，可以更有效地追踪舰船。

5.7　影响 SAR 海上舰船尾迹遥感成像的主要因素

　　湍流尾迹、内波尾迹、窄"V"形尾迹和开尔文尾迹这四种类型的船尾迹并非都能在SAR 遥感图像中显示出来，与影响 SAR 海上舰船目标遥感成像的因素类似，除舰船、海况和 SAR 系统参数等是影响船尾迹遥感成像的主要因素外，海水层化等海洋环境对船尾迹 SAR 遥感成像影响也很大。例如，湍流尾迹常在护卫舰一级或更大吨位的船只后面出现（Tunaley et al.，1991），在低风速情况下，窄"V"形尾迹在小船后面经常能被SAR 遥感成像（Stapleton，1997），窄"V"形尾迹在 L 波段 SAR 遥感图像中经常出现，在 X 波段图像中则几乎没有。表 5.5 给出了基于同步机载 X 波段和 L 波段 SAR 飞行试验分析得到的船尾迹 SAR 遥感成像与海洋环境及 SAR 系统参数之间的关系（Lyden et al.，1988）。

表 5.5　船尾迹 SAR 遥感成像与海洋环境及 SAR 系统参数间的关系

船尾迹类型	风速（m/s）	海水层化	SAR 工作波段	SAR 视向 φ
湍流尾迹	3~10	任何（不确定）	L、X（L 波段对比度更高）	任何（0°最好）
内波尾迹	3~10	密度跃层或温度跃层	L、X	任何（0°最好）
窄"V"形尾迹	<3	任何	L	任何
开尔文尾迹	3~10	任何	L、X	任何（不能确定）

5.7.1　舰船因素

　　船体的吨位、形状和运动参数等会影响船尾迹的参数，如向后喷水船的湍流尾迹较明显，吃水较深的舰船容易引起内波尾迹，船速较大和吃水深度较浅时开尔文尾迹更易被 SAR 遥感成像，并且船速还会影响窄"V"形尾迹和内波尾迹的张角。

5.7.2 海况因素

湍流尾迹、内波尾迹和开尔文尾迹这三类船尾迹主要通过调制船尾迹周围的布拉格波而遥感成像。如果船尾迹周围没有布拉格波，则船尾迹无法 SAR 遥感成像。因此，这三类船尾迹在较高的背景杂波下比在平静海域看得更清楚，但当海况很高时，作为背景的海面波高会淹没船尾迹信号而无法较好地遥感成像。窄"V"形尾迹的 SAR 遥感成像主要是船体产生的短波与周围的风致微尺度波相互作用，因此在较低海况情况下，船体产生的短波超过周围背景微尺度波时，SAR 对窄"V"形尾迹能较好地遥感成像。

5.7.3 雷达参数

5.7.3.1 波段

针对 L 波段和 X 波段而言，由于松弛时间不同，因此船尾迹的作用在 L 波段要比在 X 波段持续时间长。此外，考虑海表层流对雷达海面后向散射的调制作用，同一表面流对 L 波段雷达海面后向散射的调制也稍大于 X 波段。基于上述理论分析，结合实验测量结果和仿真结果（Hennings et al. ，1999）发现，窄"V"形、暗条带湍流和内波船尾迹 SAR 遥感图像对比度 L 波段要优于 X 波段。例如，L 波段 SEASAT SAR 遥感图像上的尾迹特征比 C 波段的 ERS 或 Radarsat SAR 遥感图像更加清楚。但是，当仅考虑海面对雷达后向散射速度聚束调制，发现速度聚束调制很容易使 L 波段方位向的分辨率降级一倍，而 X 波段则相对较好。

5.7.3.2 入射角

随着入射角增大，布拉格谐振波长变短，雷达海面后向散射急剧下降。因此，大部分星载 SAR 都工作在布拉格区。Eldhuset（1996）统计研究表明，对于 ERS 和 SEASAT SAR 遥感图像，36.7%的舰船没有船尾迹；对 Radarsat SAR 遥感图像，由于其入射角较大，这个数字更大；对 JERS-1 SAR 遥感图像，由于入射角较大、波长较长，大部分舰船看不到尾迹。

5.7.3.3　极化方式

极化方式对 SAR 海上舰船尾迹遥感成像的影响研究主要基于开尔文尾迹开展，其他类型船尾迹在不同极化方式下的遥感成像影响也可参考其相关研究结论。

①VV 极化 SAR 容易观测到开尔文张臂，而 HH 极化则很少观测到开尔文尾迹。此外，在低分辨率 SAR 遥感图像上，HV 极化 SAR 对船尾迹几乎不遥感成像。

②对 HH 极化和 VV 极化而言，当雷达视向与航向平行时，VV 极化和 HH 极化对横波成像明显，但开尔文尾迹尖头波的归一化雷达海面后向散射强度 HH 极化比 VV 极化强；当雷达视向与航向垂直时，扩散波成像明显；当雷达视向与航向有个夹角时，会出现一臂亮一臂暗的现象，这取决于两臂扩散波的传播方向与雷达视向的夹角关系，传播方向与雷达视向越接近平行的波越容易被雷达观测到，从而形成亮臂。

③对 HV 极化而言，无论雷达视向如何改变，对横波都不成像，HV 极化观测到的都以开尔文张臂为主；当雷达视向与航向平行或垂直时，两臂成像明显；当雷达视向与航向有个夹角时，也会出现一臂亮一臂暗的现象，传播方向与雷达视向越接近垂直的波越容易被雷达观测到，这与 HH 极化和 VV 极化作用是相反的。

④当航向与雷达视向接近垂直，对 HH 极化和 VV 极化而言，两臂张角变小，这是由于船艉波对散射截面的贡献和船艏波一样大；而对 HV 极化而言，两臂张角则变大，和 HH 极化、VV 极化作用则刚好相反。

5.7.3.4　雷达视向

湍流尾迹和内波尾迹引起的表面流近似垂直于船迹方向，该方向的布拉格波将受到最强的调制。因此，当雷达视向与船航迹方向垂直时，其湍流尾迹和内波尾迹 SAR 遥感图像特征最明显。

开尔文尾迹在任意照射角度情况下都可以遥感成像，但对于开尔文尾迹的不同部分有一定的最佳观测角度，尤其是尾迹系统中的开尔文臂与尖波传播方向和雷达视向的相对位置密切相关。图 5.59 为倾斜调制和水动力调制对尖波成遥感像影响的示意图，中间为运动的舰船，它所造成的尖波朝两边传播，左边的尖波朝雷达视向传播。

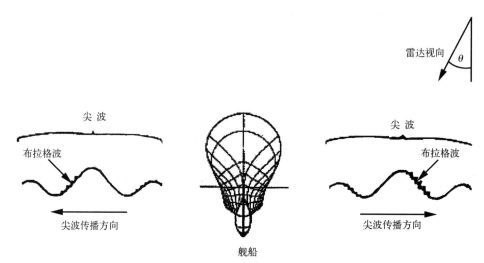

图 5.59　开尔文尾迹 SAR 遥感成像示意图

　　理想状态下，由于倾斜调制和水动力调制的作用，使得波峰两侧的海面粗糙度不一致，朝向雷达视向的斜面粗糙度大，而背向雷达视向的一面粗糙度小，从而形成亮的开尔文左臂。同样，在背向雷达视向传播的尖波中，朝向雷达视向的坡面粗糙度小，形成暗的开尔文右臂。实际上，在考虑海面风速的情况下，相对光滑坡面的粗糙度会变大，此时暗的开尔文臂可能会淹没在海面噪声中，甚至亮的开尔文臂也不会观察。此外，开尔文尾迹 SAR 遥感成像还受速度聚束调制背景回波的影响，尤其是当船迹接近平行于 SAR 平台飞行方向时，横断波主要受到速度聚束调制，易被 SAR 遥感成像。

第 6 章

SAR 海上舰船遥感探测技术与应用

目前，相对成熟的 SAR 海上舰船遥感探测算法和系统大都集中在单极化(HH、HV、VH 或 VV)SAR 遥感数据。探测算法主要分为两种方法：一种方法是直接探测海上舰船目标信号，另一种是基于船尾迹的探测方法，从而提供舰船位置、航速和航向等信息(刘浩等，2003)，甚至在一定条件下，还可能探测到水下运动目标。

6.1 SAR 海上舰船目标遥感探测技术与应用

6.1.1 SAR 海上舰船目标遥感探测技术基础

6.1.1.1 SAR 遥感图像海面背景散射统计模型

斑点噪声是影响 SAR 遥感图像质量的主要因素之一。SAR 海面图像包括大量斑点噪声，这些噪声不但会影响 SAR 遥感图像的质量，而且会掩盖一些重要的海洋信息。

研究斑点噪声的统计模型时，一般先做如下六个假设(Ulaby and Dobson，1989)：①散射在统计上是独立的；②散射大量存在；③散射的幅度和瞬时相位是独立的自由变量；④相位是 $0 \sim 2\pi$ 之间的归一化分布；⑤图像中不存在占主导地位的独立散射；⑥反射表面要大于独立反射体的尺寸。

依据以上假设，将总的雷达散射信号表达为：

$$X_{re} + jX_{im} = \sum_{i=1}^{N} X_i \cos(\varphi_i) + j\sum_{i=1}^{N} X_i \sin(\varphi_i) \tag{6.1}$$

其中，X_{re} 和 X_{im} 分别为总信号的实部和虚部；N 为散射的数量；X_i 和 φ_i 是第 i 个散射的振幅和相位。

总信号表达式的实部和虚部应符合如下联合概率密度函数：

$$p(X_{re}, \ X_{im}) = \frac{r}{2\pi\sigma^2}\exp\left(-\frac{X_{re}^2 + X_{im}^2}{2\sigma^2}\right) \tag{6.2}$$

将式(6.2)用极坐标表示，设 $r = \left(X_{re}^2 + X_{im}^2\right)^{\frac{1}{2}}$，$\varphi = \arctan\left(\dfrac{X_{im}}{X_{re}}\right)$，即有：

$$p(r, \ \varphi) = \frac{r}{\pi\sigma^2}\exp\left(-\frac{r}{2\pi\sigma^2}\right) \tag{6.3}$$

依据第三个假设，振幅和相位是相互独立的，可以将相位分离出来，得到振幅的分布：

$$p(r) = \frac{r}{\sigma^2}\exp\left(-\frac{r}{2\pi\sigma^2}\right) \tag{6.4}$$

式(6.4)即瑞利分布概率密度函数。

由以上推导可知，理论上雷达回波信号应符合瑞利分布。但是在实际 SAR 遥感图像中，海洋背景的统计分布多数并非是瑞利分布，而是有一定的偏差，即会有一个很长的尾巴(如图 6.1 所示)，尤其在低入射角、HH 极化状态下，偏差更加明显，此时习惯上把这类分布称为非瑞利分布(Zito，1988)。此后，逐步引入了对数正态分布(Ulaby and Doson，1989)、Weibull 分布(Zito，1984)和 K 分布(Jakeman and Pusey，1976)来模拟非瑞利分布。其中对 SAR 海上舰船目标，海面溢油和海冰检测而言，K 分布模型是使用最为普遍的。

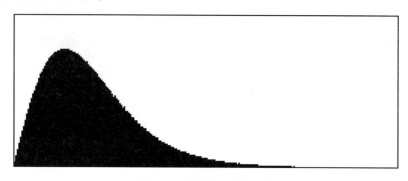

图 6.1　非瑞利分布直方图

对数正态分布适合于乘性噪声模型，它能将乘性噪声转化为高斯加性噪声，使用起来比较方便。但是对数正态分布对 SAR 遥感图像灰度直方图前半部分的模拟被证明

是失败的。对数正态分布的表达式为:

$$p(x) = \frac{1}{xv\sqrt{2\pi}}\exp\left\{-\frac{\left[\ln(x)-\mu\right]^2}{2v^2}\right\} \quad (6.5)$$

其中, $x > 0$, μ 为 x 的均值; v 为形状参数。

Weibull 分布在实践中获得了认可,它主要是能较好地模拟陆地的杂波噪声,但是 Weibull 模型缺乏严格的理论证明。Weibull 分布的表达式为:

$$p(x) = \frac{\alpha}{v^a}x^{\alpha-1}\exp\left[-\left(\frac{x}{v}\right)^\alpha\right] \quad (6.6)$$

其中, α 为尺度参数。

目前,K 分布在海洋背景噪声的模拟上被公认为是最成功的模型。Jakeman 等于 1975 年从雷达后向散射机理出发,引入了 K 分布模型来模拟海面杂波噪声分布(Jao, 1984)。K 分布法则(结合 Gamma 法则)已经被广泛应用于模拟雷达图像中陆地和海洋的散射统计属性,如加拿大遥感中心使用 K 分布模式开发出了商用化软件。但是,K 分布的参数估计问题,一直没有得到很好地解决(Blacknell, 1994, 2001; Jahangir et al., 1996; Lombardo et al., 1994, 1995; Roberts et al., 2000)。K 分布模型的表达式为:

$$p(x) = \frac{4}{\gamma\Gamma(v)}\left(\frac{x}{\gamma}\right)^v K_{\nu-1}\left(2\frac{x}{\gamma}\right) \quad (6.7)$$

其中, γ 为位置参数; K 为第二类修正贝塞尔函数; Γ 为伽马函数。K 分布和 Weibull 分布的极限形式都是瑞利分布。

另外,Dellgnon 等于 1997 年提出了用一系列新的参数分布来模拟雷达遥感图像,并建立了一个名为 KUBW 的系统(Delignon et al., 1997, 2002)。该系统使用不同的分布函数和密度函数来模拟不同的背景噪声分布,其中也包括 K 密度函数,较之单纯的 K 法则能更精确、更普遍地描述海洋背景噪声在雷达图像上的分布。因此,KUBW 系统适用于不同极化方式、入射角和波段的 SAR 遥感图像。

6.1.1.2　恒虚警率技术

使用海杂波统计模型进行船只探测时会用到恒虚警率技术。设 $p(x)$ 为图像灰度分布的概率密度函数,那么其概率分布函数可以表示为:

$$F(x) = \int_{i=0}^{x} p(t)\,\mathrm{d}t \tag{6.8}$$

其中，i 为 $(0, x)$ 之间的值。如果存在一个 $i=I_c$，则式 (6.9) 成立：

$$\mathrm{CFAR} = 1 - F(I_c) \tag{6.9}$$

其中，CFAR 为恒虚警率值；I_c 为能有效区分背景杂波和检测目标的阈值。CFAR 值是预先确定的，它的大小会直接影响检测效果。

6.1.2　SAR 海上舰船目标遥感探测技术

目前海上舰船目标检测算法有许多种，如 SUMO 算法、双参数算法、K-Gamma 分布算法和概率神经网络算法等，本书主要针对目前比较成熟的几类探查算法进行介绍。

6.1.2.1　SUMO 探测算法

SUMO 算法模板由一个 4×4 的窗口组成（如图 6.2 所示），$T1$、$T2$ 和 $T3$ 分别代表三个阈值，其定义如下：$T=\kappa \times (\mu + \sigma)$，$\kappa$ 为系数因子，对 $T1$、$T2$ 和 $T3$ 分别取 3.0、1.9 和 1.4，三个值都是依据经验选取的，μ 和 σ 为均值和方差，这两个值是根据对图像进行分块统计的方式获得的。

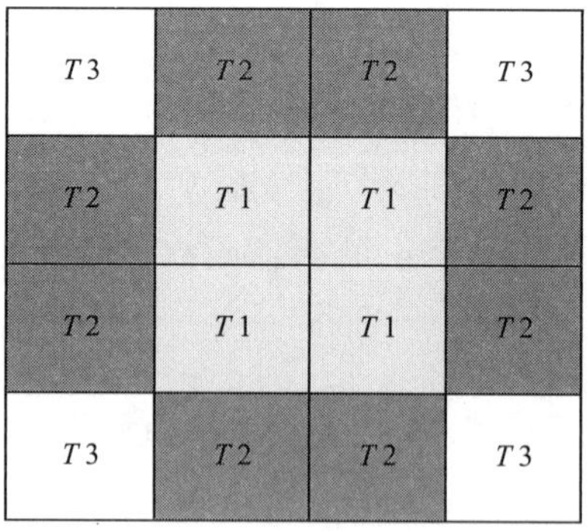

图 6.2　SUMO 算法模板示意图

SUMO 算法探测原理是，若中心四个像元的值都大于 $T1$，同时周边 8 个像元值都大于 $T2$ 且四个角的像元值都大于 $T3$，此时中心四个像元值被认为是目标像元。此步骤对所有像元都扫描一遍后才进行后续处理。

Kourti 曾使用 Radarsat ScanSAR 模式 SAR 遥感图像对该算法模板进行了测试（Kourti et al.，2001），结果表明在 ScanSAR 遥感图像中，大于 26 m 长的渔船具有 92% 的检测概率。Schwartz 对该算法模板的后续虚警去除工作进行了研究（Schwartz et al.，2002），主要是面向应用时如何去除石油平台和气象条件造成的虚警。由于该算法模板的建立主要是面向窄带 Radarsat ScanSAR 遥感图像，因此该算法具有一定的局限性，在更高分辨率 SAR 遥感图像和稍微复杂的海况条件下可能会面临诸多问题。

6.1.2.2 双参数探测算法

双参数算法模板是一种局部自适应的船只检测算法，广泛应用于雷达的目标检测。双参数算法模板依据中心极限定理假定海面背景符合高斯分布，利用一个局部的阈值来控制虚警概率，从而区分目标和背景（如图 6.3 所示）。图中保护区的作用是防止目标区的像素影响背景区的统计特性。滑动窗口均为正方形，窗口大小依据图像分辨率来调整。设 x_t 为中心像素，μ_T 为目标窗口均值，μ_B 为背景窗口均值，σ_B 为背景窗口标准差。目标判定准则一：如果 $x_t > \mu_B + \sigma_B t$，则该像素为目标像素，否则为背景噪声，判定准则中 t 为检测因子。目标判定准则二：如果 $\mu_T > \mu_B + \sigma_B t$，则该像素为目标像素，否则为背景噪声。

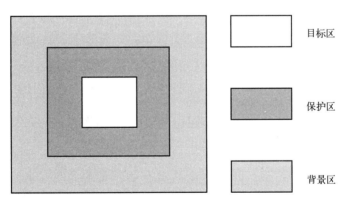

目标区

保护区

背景区

图 6.3　双参数算法船只检测窗口示意图

双参数船只检测算法的参数有 μ_B、σ_B 和 t。对于 μ_B 和 σ_B，如果采用判定准则一，则 μ_B 和 σ_B 分别为背景区域的均值和标准差。如果采用判定准则二，则 σ_B 应该由 $\sigma_B/\sqrt{n}$ 代替，n 是目标区像素个数。t 值的确定主要与 CFAR 值有关。假设虚警概率为 PFA，则有：

$$PFA = \frac{1}{2} - \frac{1}{2} erf\left(\frac{t}{\sqrt{2}}\right) \tag{6.10}$$

其中，$erf(\ )$ 为误差函数。实际应用中，为了提高运算速度，t 值一般采用经验值，对低分辨率 SAR 图像，$t=5.0\sim5.5$，对高分辨率 SAR 图像，$t=5.5\sim6.0$。若采用判定准则二，则 t 应由 $t/\sqrt{n}$ 代替。

滑动窗口中的目标区域、保护区域和背景区域的大小主要依据图像分辨率设定。原则是保护区的大小尽量能够覆盖区域内最大的船只，目标区的大小设置则依据判决的方式不同而变化，原则是采用判决原则一，则目标区大小可设为 1，若采用判决原则二，目标区不应过大。

国际上对双参数检测算法研究较多，最早采用该方法进行舰船检测的是挪威的 Eldhuset（1996），其研究数据为 25 m 分辨率的 ERS-1 SAR 遥感数据，其目标窗、保护窗和背景窗大小分别为 2×2 像元、10×10 像元、20×20 像元，t 值推荐为 5.0。双参数算法也被应用到 50 m 的 SIR-C SAR 遥感数据，通过试验比较，窗口设置分别为 2×2 像元、8×8 像元、31×31 像元，并且试验针对四种特殊情况进行了研究：第一种是不同大小的船，包括小、中、大和特大船只；第二种情况是船只密集的锚地；第三种情况是船只与陆地靠得很近的情况；第四种是具有大的旁瓣的船只。改进后的算法对 21 景 SAR 遥感图像将近 400 艘船的检测率达到了 97%。Wackerman 等（2001）利用 ScanSAR 模式 SAR 遥感数据开展了海上舰船检测，针对 200 m 分辨率 SAR 遥感图像采用的三个窗口大小分别为 3×3 像元、5×5 像元、13×13 像元，t 值取 5.0\sim5.5，针对 100 m 分辨率遥感图像则窗口变为 5×5 像元、7×7 像元、25×25 像元，t 值取 5.5\sim6.0，试验取得了不错的检测效果，但是也存在诸如如何动态调整 t 值和窗口的问题。

6.1.2.3 K-Gamma 分布探测算法

对于多视 SAR 遥感图像，其海面杂波符合如下概率密度函数（Lombardo et al., 1995）：

$$p(x)=\frac{2}{x\Gamma(\nu)\Gamma(L)}\left(\frac{Lvx}{\mu}\right)^{\frac{L+v}{2}}K_{L-v}\left(2\sqrt{\frac{Lvx}{\mu}}\right) \tag{6.11}$$

其中，μ 为灰度均值；v 为形状参数；L 为统计独立视数；K 是第二类修正贝塞尔函数。式（6.11）为 K 分布模型的表达式。但是 K 分布模型并不总适合多视图像，经验表明当 v 的绝对值很大时，K 分布已经不再适用，需要引入 Gamma 分布作为 K 分布的补充（Lombardo et al., 1995）。Gamma 分布的表达式为：

$$p(x)=\frac{\beta^L}{\Gamma(L)}x^{L-1}\exp(-\beta x) \tag{6.12}$$

其中，β 为尺度参数。

K 分布模型的参数估计是通过一定数量的独立样本来估计它的均值 μ 和形状参数 v。简单的方法是使用样本均值和方差来进行参数估计（Oliver，1993）。表达式如下：

$$\langle x \rangle = \mu \tag{6.13}$$

$$\text{var}(x) = \left[\left(1 + \frac{1}{v} \right) \left(1 + \frac{1}{L} \right) - 1 \right] \mu^2 \tag{6.14}$$

由此可以导出两者估计值的表达式：

$$\widetilde{\mu} = \langle x \rangle \tag{6.15}$$

$$\left(1 + \frac{1}{\widetilde{v}} \right) \left(1 + \frac{1}{L} \right) = \frac{\hat{x}^2}{\widehat{x^2}} \tag{6.16}$$

其中，$\hat{x}^2$ 为 x 的均值的平方，$\widehat{x^2}$ 为 x^2 的均值。这是估计 K 分布参数最简单实用的一种方法。

Gamma 分布的均值和方差的经典表达式为：

$$E[x] = \frac{L}{\beta} \tag{6.17}$$

$$\text{Var}[x] = \frac{L}{\beta^2} \tag{6.18}$$

其中，E 为数学期望符号。其估计值表达式为：

$$\hat{L} = \frac{\hat{m}_1^2}{\hat{m}_2 - \hat{m}_1^2} \tag{6.19}$$

$$\hat{\beta} = \frac{\hat{m}_1}{\hat{m}_2 - \hat{m}_1^2} \tag{6.20}$$

其中，$\hat{m}_r = \frac{1}{M} \sum_{i=0}^{M-1} x_i^r$，$r = 1$，2，$M$ 为样本数。

由式（6.11）构成的 K 分布 CFAR 方程如下

$$\text{CFAR} = 1 - \int_0^x \frac{2}{y \Gamma(v) \Gamma(L)} \left(\frac{Lvy}{\mu} \right)^{\frac{L+v}{2}} K_{L-v} \left(2\sqrt{\frac{Lvy}{\mu}} \right) \mathrm{d}y \tag{6.21}$$

式（6.21）中，积分部分可展开为：

$$\int_0^x \frac{2}{y \Gamma(v) \Gamma(L)} \left(\frac{Lvy}{\mu} \right)^{\frac{L+v}{2}} K_{L-v} \left(2\sqrt{\frac{Lvy}{\mu}} \right) \mathrm{d}y =$$

$$C \times \left[\frac{1}{2 \times (L-1)} t^{v+L} K_{v-L}(t) F_2\left(1; L+1; v, \frac{t^2}{4}\right) + \right.$$

$$\left. \frac{1}{4 \times L \times v} t^{v+L+1} K_{v-L-1}(t) F_2\left(1; L+1, v+1; \frac{t^2}{4}\right) \right] \qquad (6.22)$$

其中，$C = \dfrac{1}{2^{L+v-2} \Gamma(v) \Gamma(L)}$，$t = 2\sqrt{\dfrac{Lvx}{\mu}}$。

其中，超几何方程 $F_2(a; b, c; d) = \displaystyle\sum_{k=0}^{\infty} \frac{\Gamma(b) \Gamma(c) \Gamma(a+k) d^k}{\Gamma(a) \Gamma(b+k) \Gamma(c+k) k!}$

将式(6.22)代入式(6.21)，即可求解方程。

Gamma 分布的 CFAR 方程如式(6.23)所示，

$$CFAR = 1 - \int_0^x \frac{\beta^L}{\Gamma(L)} y^{L-1} \exp(-\beta y) \mathrm{d}y \qquad (6.23)$$

式(6.23)右边第二项可表示为：

$$\int_0^x \frac{\beta^L}{\Gamma(L)} y^{L-1} \exp(-\beta y) \mathrm{d}y = \frac{1}{\Gamma(L)} \int_0^{\beta x} s^{L-1} \exp(-s) \mathrm{d}s = P(L, \beta x) \qquad (6.24)$$

其中，$P(a, x)$ 为不完全伽马函数。将式(6.24)代入式(6.23)即可求解 CFAR 方程。式(6.21)和式(6.23)的求解都比较复杂，可以采用二分法来求解。

K-Gamma 分布算法具有严格的数学基础，但其参数估计的复杂性较大，此外算法采用的是全局阈值，因此不适合局部变化大的遥感图像，而且很多图像并不复合 K 分布。Rey 等通过试验表明，对于 Radarsat SAR 遥感图像推荐使用基于 K 分布的最大似然(MML)算法(Rey et al.，1998)。为了克服全局阈值的局限性，种劲松等(2006)提出了一种基于局部窗口的 K 分布算法，并进行了试验比较，结果显示在 ERS SAR 图像上优于全局算法。

6.1.2.4 概率神经网络探测算法

基于概率神经网络(PNN)的海上舰船目标检测算法是 Jiang 等于 2000 年提出来的(Jiang et al.，2000)，主要由 PNN 模型和形态学滤波器两个部分组成(陈鹏，2004)。其核心思想是使用 PNN 模型中的 Parzen 窗估计法(孙即祥，2002)对海面背景噪声的分布进行概率密度估计。PNN 算法理论上能估计任何分布的概率密度函数，而且估计精度可以达到非常高的水平，但实际上其性能会受到样本个数和窗函数宽度这两个因素的影响。

PNN 算法是一种非参数算法，不需要估计参数来拟合曲线，而是对分布图像的本身进行非线性拟合，即使用概率神经网络对 SAR 遥感图像海面灰度分布的概率密度函数进行估计。PNN 算法若对图像进行格网化局部处理，效果也还可以，但是该算法没有完备的数学基础，尤其是在由虚警率确定阈值时不够严格。

PNN 算法的窗函数使用高斯分布函数，设高斯窗函数为 $G_{t,\sigma}(x)$，表达式如下：

$$G_{t,\sigma}(x) = \frac{1}{\sigma\sqrt{2\pi}}\exp\left[-\frac{(x-t)^2}{2\sigma^2}\right] \tag{6.25}$$

其中，x 为图像灰度值；t 和 σ 分别为高斯函数的位置参数和形状参数。

概率密度函数为 $\rho(x)$，表达式如下：

$$\rho(x) = \sum_{i=1}^{d} P[i]G_{t,\sigma}(x) \tag{6.26}$$

其中，$P[i]$ 为归一化样本值，且 $P[i]=\frac{h(i)}{N}$，N 为样本总量，$h(i)$ 为图像灰度直方图的估计值。

$\rho(x)$ 的概率分布函数 $F(x)$ 的表达式如下：

$$F(x) = \int_1^x \rho(t)\,\mathrm{d}t \tag{6.27}$$

由以上可知，通过 PNN 模型可以求解概率分布函数，则式(6.9)表示的 CFAR 方程即可求解。

形态学滤波器在船只检测中的作用是去除噪声虚警，提高检测准确度。SAR 遥感图像上的斑点噪声一般呈随机离散的分布，有的噪声能量很高，可能被检测器误认为是船只。根据 SAR 遥感图像噪声的这些特点，Jiang 等(2000)设计了一个区分噪声与船只目标的形态学滤波器。

设目标图像为 A，结构元素为 S，S^v 为 S 的反射结果，滤波器实际上是做了一个腐蚀运算：$A \ominus S^v = \{x \mid A \cap S^v[x] \geqslant 7\}$（图 6.4）。图像 A 模拟随机的杂波点和船只目标，通过使用结构元素 S 的反射对其进行腐蚀运算[图 6.4(c)]，三角点为最后保留的结果。该形态学滤波器基本能够将噪声虚警去除，但是可能将部分虚警保留，如右边的两个实心三角点，还有可能将船只信号作为噪声去除掉，如空心圆点。

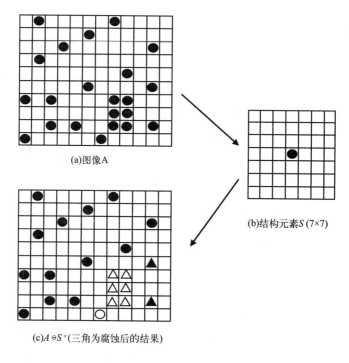

(a)图像A

(b)结构元素S(7×7)

(c)$A \ominus S^\nu$(三角为腐蚀后的结果)

图6.4　形态学滤波器

6.1.2.5　复合参数分布探测算法

由于很多SAR遥感图像上存在变化多样的散射特征，如何灵活处理各种情况，是海上舰船目标检测需要解决的一个问题。早在1981年Ward曾经介绍过一个复合参数模型用于SAR海面杂波模拟，模型由雷达点扩散函数导出(Ward，1981)。用于模拟海面背景的参数分布由式(6.28)获得：

$$f_1(x) = \int_0^{+\infty} \frac{N^N}{s^N \Gamma(N)} x^{N-1} \exp\left(-\frac{Nx}{s}\right) f_z(s)\,\mathrm{d}s \tag{6.28}$$

其中，N是SAR遥感图像视数；S与雷达点扩散方程相关；$\Gamma(\ )$是Gamma方程。由于S难以获得，Quelle提出了采用Gamma、一类Beta分布、反Gamma分布和二类Beta分布四种参数分布来组建复合参数模型模拟海面背景杂波(Quelle et al.，1993)，利用Seasat SAR遥感图像的模拟试验表明，该模型具有良好的模拟精度。利用Quelle等的研究结果，结合CFAR技术，陈鹏开发了一个新的基于复合参数分布的船只检测算法(陈鹏等，2010)。

基于复合参数分布的 SAR 遥感图像船只检测模型由参数估计模块、分布选择模块、CFAR 解算模块和检测模块四部分组成。该算法对不同背景分布曲线，均有较好的适应能力，但是计算过程比较复杂，尤其是积分过程的计算，未来为了提高检测速度，可以采用查找表法来解决其积分过程的计算。

（1）参数估计模块

参数估计模块的功能是通过 SAR 遥感图像的散射分布统计，获取 Skewness、Kurtosis 参数和矩。Skewness 和 Kurtosis 用于参数分布选择模块，矩用于估计特定分布的形状参数和尺度参数。本文采用 β_1 表示 Skewness 参数，β_2 表示 Kurtosis 参数，m_γ 表示 γ 阶矩。按照矩的定义，m_γ 由式（6.29）获得：

$$m_\gamma = N^\gamma \frac{\Gamma(N)}{\Gamma(N+\gamma)}\mu_\gamma \tag{6.29}$$

其中，μ_γ 为 SAR 强度图像上获得的 γ 阶强度矩；N 是 SAR 图像视数。β_1 和 β_2 由式（6.30）和式（6.31）给出：

$$\beta_1 = \frac{m_3^2}{m_2^3} \tag{6.30}$$

$$\beta_2 = \frac{m_4}{m_2^3} \tag{6.31}$$

对于复合分布中任意分布，α、c_1、c_2 都是重要的形状参数和尺度参数，三个参数由矩获得，如式（6.32）至式（6.34）所示：

$$a = \frac{m_3 m_2 - 4m_3 m_1^2 + 3m_2^2 m_1}{2(2m_3 m_1 + m_2 m_1^2 - 3m_2^2)} \tag{6.32}$$

$$c_1 = \frac{m_3 m_2 - 2m_3 m_1^2 + m_2^2 m_1}{2(2m_3 m_1 + m_2 m_1^2 - 3m_2^2)} \tag{6.33}$$

$$c_2 = \frac{m_3 m_2 + m_3 m_1^2 - 2m_2^2 m_1}{2(2m_3 m_1 + m_2 m_1^2 - 3m_2^2)} \tag{6.34}$$

（2）分布选择模块

分布选择模块的功能是指定某种参数分布用于船只检测。分布选择模块主要通过 Skewness 和 Kurtosis 参数确定用于检测的分布（Delignon et al.，1997）。每一个 S 型分布都可以对应 Skewness 和 Kurtosis 参数平面内的一块区域，如图 6.5 所示。

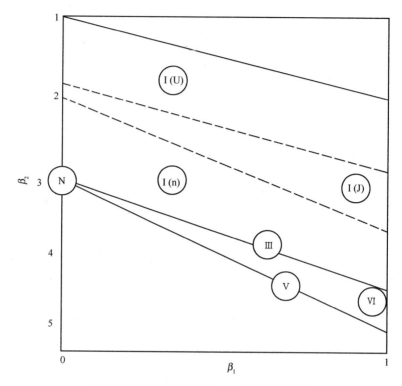

图 6.5　复合分布系统在 Bata 平面上的划分

N：正态分布；I：一类 Bata 分布；III：Gamma 分布；V：反 Gamma 分布；VI：二类 Beta 分布

在 Beta 平面内 β_1-β_2 指定了复合分布的类型（Delignon et al., 1997），通过估计得到 β_1 和 β_2，采用一个简单的点与面的关系就可以确定分布类型。

（3）CFAR 模块

CFAR 模块的功能主要是解算 CFAR 方程，获得船只检测的阈值，对于四种分布，都有式（6.35）的 CFAR 方程成立。

$$\text{CFAR} = 1 - \int_{i=0}^{x} f_I(t)\,\mathrm{d}t \tag{6.35}$$

其中，$f(x)$ 为分布之一；CFAR 为恒虚警率。

当 $f(x)$ 为一类 Beta 分布时，其表达式为式（6.36）（Delignon et al., 2002）。

$$f_I(x) = \frac{\Gamma(q)}{\Gamma(N)B(p,\,q)x}\left(\frac{Nx}{\beta}\right)^{(p+N-1)/2} e^{-Nx/2\beta} \times$$
$$W_{(-p-2q+N+1)/2,\,(N-P)/2}\left(\frac{Nx}{\beta}\right) \qquad x \in (0,\,+\infty) \tag{6.36}$$

$B(\ )$ 是 Beta 方程，$W(\ )$ 是 Whittaker 方程，p 和 q 是形状参数，β 是尺度参数，如式 (6.37) 和式 (6.38) 所示。

$$p = -\frac{a}{c_1} + 1, \quad q = \frac{a}{c_1} - \frac{1}{c_2} + 1 \tag{6.37}$$

$$\beta = \frac{c_1}{c_2} \tag{6.38}$$

当 $f(x)$ 为 Gamma 分布时，其表达式如下：

$$f_1(x) = \frac{\beta}{\Gamma(N)\Gamma(\alpha)\sqrt{x}}\left(\frac{\beta\sqrt{x}}{2}\right)^{\alpha+N-1} \times K_{\alpha-N}(\beta\sqrt{x}) \qquad x \in (0, +\infty) \tag{6.39}$$

$K(\ )$ 为二阶修正贝赛尔函数，α 是形状参数，β 是尺度参数，分别为：

$$\alpha = -\frac{a}{c_1} + 1 \tag{6.40}$$

$$\beta = \frac{1}{c_1} \tag{6.41}$$

当 $f(x)$ 为反 Gamma 分布时，其表达式如下：

$$f_t(x) = \frac{N\beta(N\beta x)^{N-1}}{B(N, \alpha)(N\beta x + 1)^{N+\alpha}} \qquad x \in (0, +\infty) \tag{6.42}$$

α 和 β 分别为：

$$\alpha = -\frac{a}{c_1} + 1 \tag{6.43}$$

$$\beta = \frac{c_2}{a} \tag{6.44}$$

当 $f(x)$ 为二类 Beta 分布时，其表达式如下：

$$f_I(x) = \frac{\Gamma(N+q)}{\Gamma(N)B(p, q)x}\left(\frac{Nx}{\beta}\right)^N \times U_{p+q, 1-N+P}\left(\frac{Nx}{\beta}\right) \qquad x \in (0, +\infty) \tag{6.45}$$

$B(\ )$ 是 Beta 方程，$U(\ )$ 是超几何方程，p、q、β 分别为：

$$p = -\frac{a}{c_1} + 1, \quad q = \frac{1}{c_2} + 1 \tag{6.46}$$

$$\beta = \frac{c_1}{c_2} \tag{6.47}$$

a、c_1、c_2 分别由式 (6.32)、式 (6.33) 和式 (6.34) 得到。通过解式 (6.35) 的积分方程，可以得到检测阈值 t。

(4)检测模块

检测模块的功能是采用检测阈值区分船只和海面杂波，本书采用一个简单的阈值分割来实现此功能。分割完毕以后，考虑到有些斑点噪声非常强，可能会产生虚警，因此在船只检测模块中增加了一个虚警去除功能(陈鹏等，2005)。

去除虚警的步骤如下：①根据 SAR 图像的分辨率设置船目标像元个数最小值；②对每一个候选的可能船目标，使用区域生长法统计其像元个数；③如果像元个数的值大于或等于船目标像元个数最小值，则认为该候选船目标为真实目标，否则将该候选船目标作为虚警处理。

(5)算法实例测试

为了评估该模型的有效性，选取若干幅 SAR 遥感图像进行了船只检测试验。图 6.6 是一幅舟山海域 Envisat ASAR 遥感图像，成像时间是 2008 年 9 月 24 日，图像分辨率为 25 m。

图 6.6 2008 年 9 月 24 日舟山海域 Envisat ASAR 遥感图像

首先对图像进行采样，通过采样数据获得：$\beta_1 = 1.02$、$\beta_2 = 4.08$，从 Beta 平面上可知该点落在"一类 Beta 分布"范围内，估算得到 $p = 50$、$q = 3$、$\beta = 60$。图 6.7 是一类

Beta 分布拟合结果，实线（稍微带点毛刺）为灰度分布直方图，虚线为一类 Beta 分布。由图 6.7 可知，拟合结果比较好，除了最高峰值位置有点偏差外，尾部有很好的近似。为了比较，本书对其他三种分布也进行了拟合，拟合结果见图 6.8 至图 6.10。图 6.8 显示 Gamma 分布在尾部偏差非常大，对于船只检测非常不利。图 6.9 在峰值和尾部都有较大偏差，图 6.10 在尾部也有较大偏差。

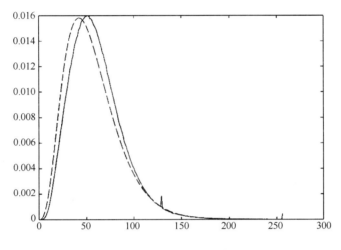

图 6.7　一类 Beta 分布拟合结果

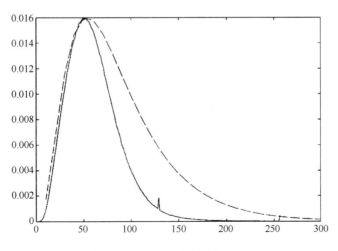

图 6.8　Gamma 分布拟合结果

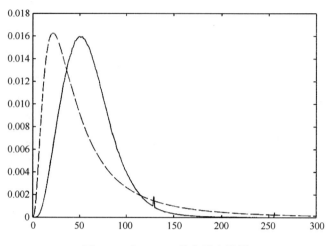

图 6.9　反 Gamma 分布拟合结果

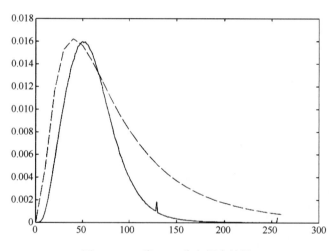

图 6.10　二类 Beta 分布拟合结果

试验中设定的 CFAR 值为 10^{-8}，通过对一类 Beta 分布进行积分，计算阈值结果为 201，检测结果如图 6.11 所示，白点为检测结果。图上共有目标 9 个，检测结果与目视判读结果一致。

6.1.2.6　扫描模式探测算法

针对大范围的海上舰船目标探测，本书提出了扫描模式的海上舰船探测算法，该算法具有大范围覆盖的优点，可以迅速发现目标。例如 ENVISAT ASAR 的 WS 模式遥

图 6.11 复合参数模型船只检测结果

感图像具有 400 km 幅宽。SUMO 探测算法模板和双参数探测算法模板都可以用来处理扫描模式图像，但是速度较慢，处理一幅 8 000×8 000 像元的遥感图像要 5~10 min 的时间，无法满足实时应用的需求。

对于每一幅扫描模式大范围 SAR 遥感图像，可以将图像划分为规则的格网，如图 6.12 所示，基于格网的快速检测模板格网大小参照分辨率设定，一般一艘中等大小的船只在一个格网范围内。例如 150 m 分辨率的图像，选择 6~8 个像元为一个格网，这样最大的船只包括其外轮廓都能被覆盖到。图 6.13 是局部放大遥感图像。

算法模板建立在整个格网上。首先给每个格网分配一个编号，然后计算每个格网中的像元均值和标准差。之后开始逐个格网检测船只，图 6.14 是格网检测模板。对于每个格网，其周边格网按照顺序从 1~8 编号，每个均值和方差都放在一个表中，省去了重复计算的时间。选择 8 个周边格网的均值和方差的中间值作为模板参数。设格网 1 到格网 8 的均值为 $A1~A8$，方差为 $D1~D8$。如果获得的均值是 $A3$，方差是 $D5$，比较中心格网中像元的值与 S 的大小，S 由式(6.48)确定。如果像元值大于 S，则该像元作为船只候选点。σ 值一般取 5.0~6.0。S 值的计算公式如下：

图 6.12　ENVISAT ASAR WS 遥感图像格网划分示意图

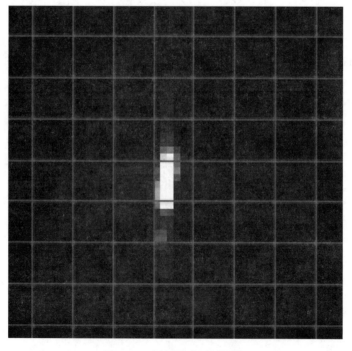

图 6.13　局部放大遥感图像

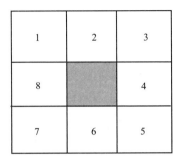

图 6.14　格网检测模板

$$S = A_3 \times \sigma D_5 \tag{6.48}$$

模板扫描每个格网以后，再利用聚合算法把所有的目标点聚合起来形成一个目标。模板需要考虑边界处理的情况：①模板中心位于图像左上角，周围格网只有 4 号、5 号和 6 号格网，则选择中值作为参数；②模板位于右上角，周边只有 4 号和 5 号格网的一部分，以及 6 号、7 号和 8 号格网，此时 4 号和 5 号格网只统计有的一部分，在 5 个值中选择中值；③模板在左下角，周边格网只有 2 号、3 号和 4 号，此时在其三者中选择中值；④模板在右下角，此时周边只有 1 号、2 号和 8 号格网，同样在它们三者中选择中值作为参数。如图 6.15 所示。

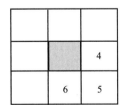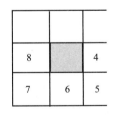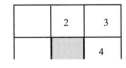

图 6.15　格网模板边界问题

图 6.16 是 2005 年 5 月 16 日成像的一幅长江口 ENVISAT ASAR WS 遥感图像，虚框是检测范围。图 6.17 是格网模板检测结果，大量船只被检测出来，包括在右侧由于低入射角导致的亮带区域的一个目标，图 6.18 是检测结果局部放大子遥感图像。检测结果与目视解译结果进行比较，没有发现漏检和虚警。

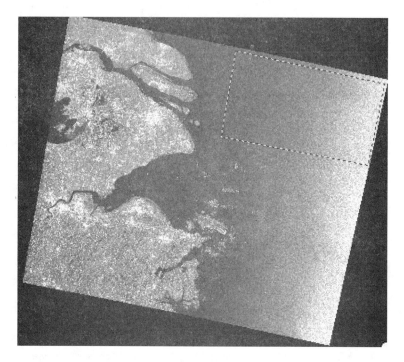

图 6.16　2005 年 5 月 16 日长江口 ASAR WS 遥感图像

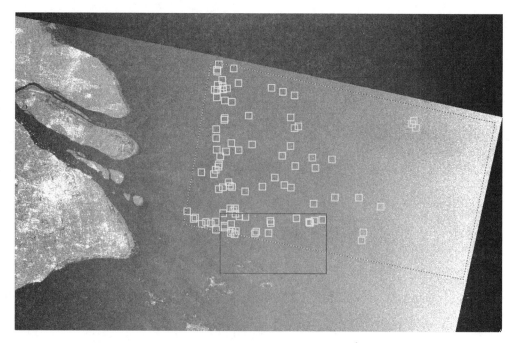

图 6.17　格网模板检测结果

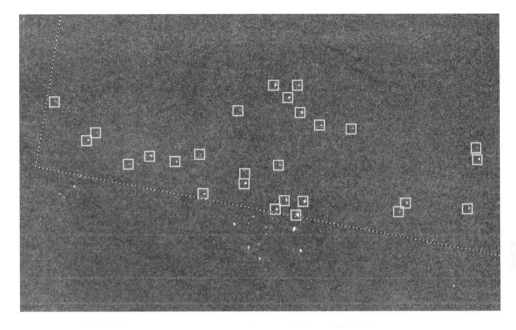

图 6.18 检测结果局部放大子遥感图像

6.1.2.7 高分辨率探测算法

在 SAR 遥感图像处理中,噪声抑制与提高分辨率相互矛盾,如果要达到好的斑点噪声抑制效果,必须要做多视处理,做多视处理的同时会降低图像分辨率。高分辨率运动舰船目标成像尤其需要精确的相位补偿技术(汤立波等,2006),才不至于失真。本书通过对已有的 L 波段和 X 波段、3~5 m 分辨率的 SAR 遥感图像进行分析,认为高分辨率 SAR 遥感图像具有如下特点。

(1)斑点噪声强

因为没有进行多视处理,或者处理视数低(如 2 视),图像的斑点噪声得不到有效抑制,故斑点噪声较强。

(2)"划痕"现象严重

大量高分辨率 SAR 遥感图像存在如图 6.19 所示的"划痕"现象,这种现象给船只检测带来了极大干扰。"划痕"是 SAR 遥感成像过程沿方位向出现的一种条痕,类似被锐物划过一样,本书称之为"划痕",出现原因是局部区域的相干斑模型不完全吻合所致(风宏晓等,2010)。划痕在外形上类似船只,给船只检测带来大量虚警。

图 6.19　高分辨率 SAR 遥感图像上的"划痕"现象

（3）方位向偏移严重

　　由于遥感成像的原因，导致部分陆地上的影像在 SAR 方位向产生偏移，落入海中（图 6.20），这种现象在 Radarsat-1SAR 遥感图像上也经常出现，给船只检测带来较大干扰，有时与真实船只混在一起，很难区分。

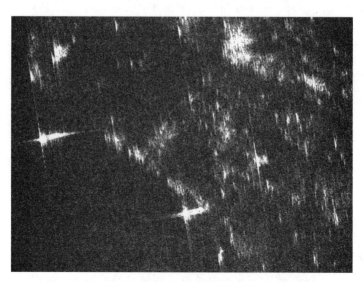

图 6.20　高分辨率 SAR 遥感图像上的方位向偏移现象

（4）全海 SAR 遥感图像背景噪声水平偏高

在整个 SAR 遥感图像落入海区时，噪声抑制的效果较差，图像呈现出高噪声背景，降低了目标与背景的方差，同时导致拟合曲线的参数估计困难，给检测造成了干扰，如图 6.21 所示。

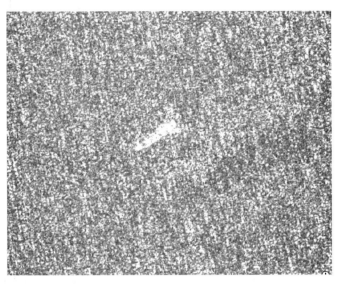

图 6.21　全海 SAR 遥感图像噪声水平偏高现象

在高分辨率 SAR 遥感图像中，船只目标已经不能作为点目标处理，已经变为一个小型的面目标（图 6.22）。因此需要将以上检测算法进行改进，以适用于高分辨率 SAR 遥感图像海上舰船遥感探测。

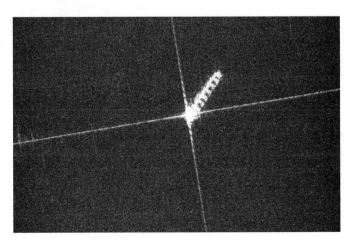

图 6.22　海上舰船高分辨率 SAR 遥感图像

（1）格网化处理

高分辨率 SAR 遥感图像整体均衡性较差，各个局部图像背景差异较大，因此需要对遥感图像进行网格化处理，图像格网化处理后算法可以适用局部区域。同时进行格网化处理以后，图像可以采用多线程分块并行处理，可以大大提高检测速度，节省检测时间，满足实时业务化快速反应的需求。

（2）统计结果去目标影响

由于高分辨率 SAR 遥感图像中目标呈现面状，目标像元在局部所占比例较大，因此要真实反映背景分布，必须去掉目标像元的影响，所以在局部统计中采用如下改进办法：首先局部全统计，计算均值和方差，然后除去高于均值 4 倍方差的像元，进行重新统计计算参数。

（3）聚合算法

聚合算法是对目标检测完成以后的二值图像进行像元聚合。聚合之前需要进行去噪声处理，将周围的强斑点噪声删除，然后进行聚合算法。图 6.23（a）是船只目标原始图像；图 6.23（b）是目标检测后图像；图 6.23（c）是去噪声后图像。可见同一个目标检测后不一定连续，图像中存在空洞和断裂带，需要通过一定的算法，对同一目标进行聚合。

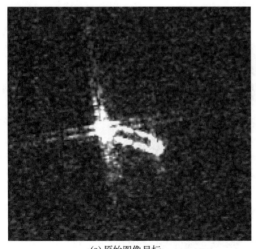

(a) 原始图像目标

(b) 检测后目标

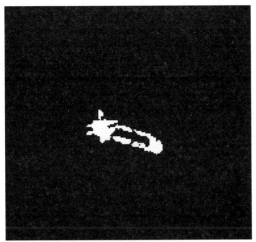

(c) 去离散噪声后目标

图 6.23　聚合算法示意图

(4) 智能虚警分析

为减少高分辨率 SAR 遥感图像中的海上舰船目标探测虚警，需要对检测后的目标进行虚警分析。智能虚警分析主要对目标进行两个测定，分别为梯度测定和"划痕"测定。

① 梯度测定

SAR 海上舰船目标周围的梯度能量是有区别的（谢明鸿等，2008），对于目标的边缘像素 (x, y)，其梯度定义为：

$$grad(x, y) = \begin{bmatrix} f'_x \\ f'_y \end{bmatrix} = \begin{bmatrix} \dfrac{\partial f(x, y)}{\partial x} \\ \dfrac{\partial f(x, y)}{\partial y} \end{bmatrix} \tag{6.49}$$

一阶偏导采用一阶差分近似表示：

$$f'_x = f(x, y + 1) - f(x, y) \tag{6.50}$$

$$f'_y = f(x + 1, y) - f(x, y) \tag{6.51}$$

梯度的计算公式为：

$$grad(x, y) = |f'_x| + |f'_y| \tag{6.52}$$

一般情况下，海上舰船目标与背景方差较大，边界清晰，此时梯度较大，而方位向偏移或者强大气现象造成的目标一般边界不清晰，梯度小。在高分辨率情况下，$f(x, y)$ 不取单个像元，可以采用 5×5 个或 7×7 个像元的平均值，统计目标周边梯度的均值，满足一定的阈值才作为目标候选。

②"划痕"测定

在高分辨率 SAR 遥感图像上，"划痕"细长且沿方位向高度线性相关，而目标较宽，不具备高度线性相关的特点。因此"划痕"测定主要是通过最小二乘直线拟合，获得线性方程，然后计算目标坐标与方程的相关系数，相关系数大于 0.99 的则判定为划痕，否则为目标。

设拟合直线公式为 $y=ax+b$，当目标像元坐标与拟合直线之间的偏差平方和最小，即为最佳经验公式，求导数解得 a、b 两个参数如下：

$$a = \frac{\sum x_i y_i \sum x_i - \sum y_i \sum x_i^2}{\left(\sum x_i\right)^2 - n \sum x_i^2} \tag{6.53}$$

$$b = \frac{\sum x_i \sum y_i - n \sum x_i y_i}{\left(\sum x_i\right)^2 - n \sum x_i^2} \tag{6.54}$$

相关系数 r 定义如式(6.55)，r 表示像元沿直线的符合程度。

$$r = \frac{\sum (x_i - \bar{x}) \sum (y_i - \bar{y})}{\sqrt{\sum (x_i - \bar{x})^2} \sqrt{\sum (y_i - \bar{y})^2}} \tag{6.55}$$

实例分析结果表明，对于小的目标进行"划痕"测定会经常造成误判，因此对划痕测定需要满足像元超过 N 个时进行划痕测定，这样兼顾了小目标和虚警测定，像元个数 N 的参数是经验参数，需要按照图像的分辨率进行调整。

6.1.3 SAR 海上舰船目标遥感探测应用

6.1.3.1 常用探测算法分析

通常情况下，SUMO 探测算法、双参数探测算法、K-Gamma 分布探测算法和 PNN 探测算法这四类常用算法在普通海况下，性能没有显著差别，但是在复杂海况条件下，其适应能力明显下降。双参数探测算法由于其系数因子固定，在强风或者低入射角条件下，周围背景均值较高，对船只目标没有检测能力。K-Gamma 分布探测算法已经被证明，在海洋背景较强的情况下不适用（Rey et al.，1998）。PNN 探测算法由于是非参数的，其适用能力较强，但是其只在 8 位图像上表现良好，而 SAR 遥感数据在未拉伸前，均为 16 位数据。

为定量验证和比较上述探测算法的性能（由于 SUMO 探测算法较为特殊，所以本节没有做特别研究），利用 SAR 遥感图像开展了实例分析。表 6.1 给出了实例分析的 SAR 遥感数据信息。表 6.2 至表 6.5 分别给出了 Radarsat SAR、ERS SAR、ENVISAT ASAR、SIR-C/X-SAR 遥感图像的海上舰船探测结果比照情况，表 6.6 给出了基于双参数探测算法、K-Gamma 分布探测算法和 PNN 探测算法的海上舰船探测结果比照情况，表 6.7 给出了 SAR 海上舰船探测结果比照情况。

表 6.1　实例分析的 SAR 遥感数据信息

卫星名称	产品类型	波段	极化	图像数量（景）
Radarsat	SGX	C	HH	10
Radarsat	SGF	C	HH	8
Radarsat	SWB	C	HH	5
Radarsat	SCN	C	HH	1
ERS	PRI	C	VV	10
ENVISAT	APM	C	HH/VV	5
SIR-C/X		X/L	HH/VV	2
合计				41

表 6.2　Radarsat-1 SAR 遥感图像海上舰船探测结果对照

方法	漏检率（%）	虚警率（%）	准确率（%）	船只数量（艘）
双参数探测算法	7.6	8.3	85.3	264
K-Gamma 分布探测算法	4.9	5.6	90.0	264
PNN 探测算法	5.6	5.3	89.6	264

表 6.3　ERS-1/2 SAR 遥感图像海上舰船探测结果对照

方法	漏检率（%）	虚警率（%）	准确率（%）	船只数量（艘）
双参数探测算法	14.7	9.8	77.7	102
K-Gamma 分布探测算法	8.8	11.8	81.6	102
PNN 探测算法	9.8	7.8	83.6	102

表 6.4　ENVISAT ASAR 遥感图像海上舰船探测结果对照

方法	漏检率(%)	虚警率(%)	准确率(%)	船只数量(艘)
双参数探测算法	10.5	13.1	79	38
K-Gamma 分布探测算法	13.2	15.8	75	38
PNN 探测算法	13.2	10.5	78.6	38

表 6.5　SIR-C/X-SAR 遥感图像海上舰船探测结果对照

方法	漏检率(%)	虚警率(%)	准确率(%)	船只数量(艘)
双参数探测算法	0	0	100	15
K-Gamma 分布探测算法	—	—	—	—
PNN 探测算法	0	0	100	15

表 6.6　三种探测方法船只探测结果总体对照

方法	漏检率(%)	虚警率(%)	正确率(%)	船只总数(艘)
双参数探测模型	9.6	9.2	82.8	404
K-Gamma 分布探测模型	6.7	8.2	86.3	404
改进的 PNN 探测模型	7.4	6.4	86.9	404

表 6.7　星载 SAR 船只探测结果对照

星载 SAR	漏检率(%)	虚警率(%)	正确率(%)	船只总数(艘)
Radarsat-1 SAR	6.0	6.4	88.3	264
ERS-1/2 SAR	11.1	9.8	81.0	102
Envisat ASAR	12.3	13.1	77.5	38

从表 6.2 至表 6.5 可以看出，针对不同类型的 SAR 遥感图像，海面噪声水平高、海面和船只反差低时，K-Gamma 分布探测算法和双参数探测算法表现均不稳定，而 PNN 探测算法表现相对比较稳定。此外，通过表 6.6 可以看出，对于所有的 SAR 遥感图像，PNN 探测算法正确率最高(86.9%)，虚警率最低(6.4%)，漏检率为 7.4%；K-Gamma 分布探测算法次之，探测正确率为 86.3%，虚警率最低(9.2%)，漏检率为 6.7%。而针对不同平台的 SAR 遥感图像(表 6.7)，Radarsat SAR 遥感探测海上舰船最好，探测正确率最高(88.3%)，虚警率和漏检率最低，分别为 6.4% 和 6.0%；ERS-SAR 次之，探测正确率、虚警率和漏检率分别为 81%、9.8% 和 11.1%，Envisat ASAR

最差，探测正确率、虚警率和漏检率分别为 77.5%、13.1% 和 12.3%。

6.1.3.2 探测实例数据信息

为验证 SAR 海上舰船遥感探测技术可信度，开展了 7 次 SAR 海上舰船遥感探测与识别同步试验数据，对 SAR 遥感图像中小型船只目标检测技术进行检验和试验验证，同时为 SAR 遥感图像船只目标分类识别提供依据。表 6.8 给出了本书开展 SAR 海洋舰船遥感探测实例应用所用的 SAR 遥感图像信息，包含 Radarsat SAR、Cosmos SAR 和 ENVISAT ASAR 遥感图像共 7 景，海上同步船只信息通过 AIS 获取。

表 6.8 探测实例应用所用的 SAR 遥感图像和同步信息

编号	时间	SAR 卫星名称	分辨率（m）	实际目标个数（AIS）
P1	2007 年 10 月 30 日	Radarsat-1	12.5	59(59)
P2	2008 年 9 月 24 日	ENVISAT	12.5	72(40)
P3	2008 年 9 月 25 日	ENVISAT	12.5	55(38)
P4	2008 年 10 月 19 日	ENVISAT	12.5	21(0)
P5	2009 年 4 月 23 日	Cosmos	3	42(0)
P6	2009 年 11 月 27 日	ENVISAT	30	138(23)
P7	2009 年 11 月 29 日	Radarsat-2	6	94(51)

注：限于篇幅，本书未列出探测实例应用所用的 SAR 遥感图像与同步数据列表。

6.1.3.3 探测算法选择

针对复杂海况图像、扫描模式图像和高分辨率遥感图像情况下，难以利用常用探测算法开展海上舰船 SAR 遥感探测，因此本书在实际应用过程中，对于 30 m 及以上分辨率遥感图像，采用扫描模式探测算法；对于 10~30 m 分辨率遥感图像采用复合分布式探测算法；对于 1~10 m 遥感图像采用格网化概率神经网络算法外加高分辨探测算法（表 6.9）。

表 6.9 探测算法的选择及选择依据列表

分辨率范围	探测算法选择	选择依据
30 m 及以上	扫描模式探测算法	算法简单，速度快，可满足业务化需求
10~30 m	复合分布式探测算法	该分辨率范围内的复杂海洋现象遥感成像明显，且 K 分布、Gamma 分布、高斯分布都是复合分布中的特例，海上舰船探测率较高
1~10 m	格网化概率神经网络算法外加高分辨探测算法	适用于高分辨率 SAR 遥感图像

6.1.3.4 探测实例结果与分析

图 6.24 至图 6.30 给出了基于 SAR 遥感图像海上舰船遥感探测实例结果。表 6.10 给出了海上舰船遥感探测结果汇总表,可以看出,7 景 SAR 遥感图像上共有船只目标 481 个(含同步信息船只和目视判读船只),遥感探测技术检测到船只目标 444 个,检测率、虚警率和漏检率分别为 92%、8.1% 和 8.2%,其中同步 AIS 船只的检测率和漏检率分别为 98% 和 1%。

表 6.11 显示了不同分辨率 SAR 遥感图像下的检测率和虚警率汇总表,高分辨率图像上平均检测率为 95.5%,虚警率为 9.1%。中等分辨率图像的平均检测率为 86%,虚警率为 11%。扫描模式图像检测率为 94%,虚警率为 4.6%。由此可见,高分辨率图像检测算法性能良好,能够满足实际应用要求,中等分辨率图像检测算法的检测率指标与国外测试指标相当,虚警率略高,但也在设定指标范围内(小于 15%),扫描模式图像检测算法性能良好,达到实用要求。

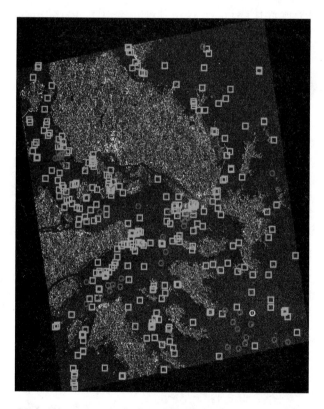

图 6.24　2007 年 10 月 30 日 Radarsat SAR 遥感图像(编号：P1)海上舰船遥感探测结果

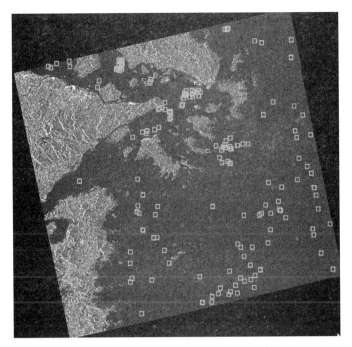

图 6.25　2008 年 9 月 24 日 ENVISAT ASAR 遥感图像(编号：P2)海上舰船遥感探测结果

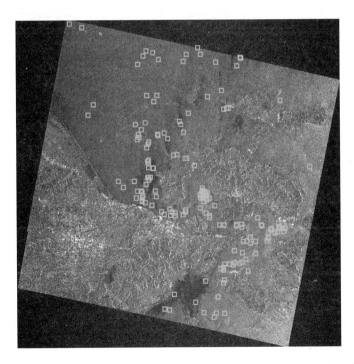

图 6.26　2008 年 9 月 25 日 ENVISAT ASAR 遥感图像(编号：P3)海上舰船遥感探测结果

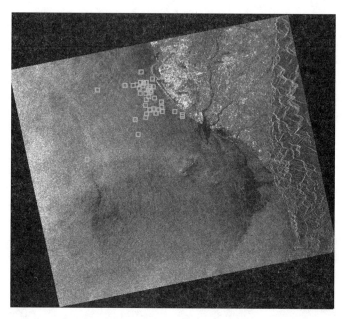

图 6.27　2008 年 10 月 19 日 ENVISAT ASAR 遥感图像(编号：P4)海上舰船遥感探测结果

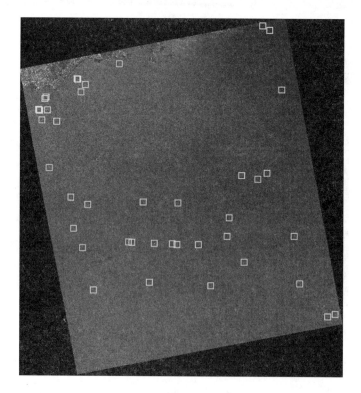

图 6.28　2009 年 4 月 23 日 Cosmos SAR 遥感图像(编号：P5)海上舰船遥感探测结果

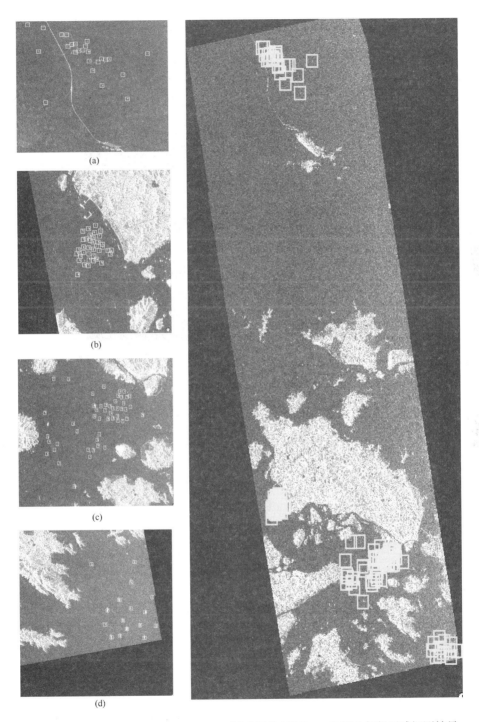

图 6.29　2009 年 11 月 27 日 ENVISAT ASAR 遥感图像(编号：P6)海上舰船遥感探测结果

注：其中图(a)、图(b)、图(c)、图(d)分别为区域一、区域二、区域三、区域四的探测结果放大图

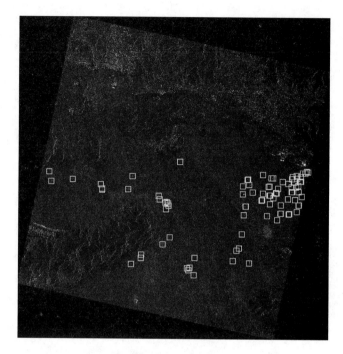

图 6.30　2009 年 11 月 29 日 Radarsat-2 SAR 遥感图像(编号：P7)海上舰船遥感探测结果

表 6.10　海上舰船遥感探测结果汇总

编号	实际目标个数(个)	检测到目标个数(个)	检测率(%)	虚警率(%)	漏检率(%)
P1	59(59)	59(59)	100	0	0
P2	72(40)	61(40)	84	12	16
P3	55(38)	43(38)	78	14	22
P4	21(0)	20(-)	95	8	5
P5	42(0)	40(-)	95	9.5	5
P6	138(23)	130(23)	94	4.6	6
P7	94(51)	91(48)	96	8.7	4
合计	481(152)	444(149)	92(99)	8.1(-)	8.2(1)

表 6.11　不同分辨率 SAR 遥感图像探测结果汇总

分辨率范围	图像	检测率(%)	虚警率(%)
高分辨率	P5	95	9.5
	P7	96	8.7
	小计(平均)	95.5	9.1

分辨率范围	图像	检测率(%)	虚警率(%)
中分辨率	P1	100	0
	P2	84	12
	P3	78	14
	P4	95	8
	小计(平均)	86	11
扫描模式	P6	94	4.6
	小计(平均)	94	4.6

6.1.4　小结

随着星载 SAR 遥感技术的发展，海上舰船目标 SAR 遥感探测技术也在持续发展，就目前海上舰船目标 SAR 遥感探测面临的关键技术和现实需求问题，归纳为如下几点。

①复杂背景条件下的海上舰船探测问题。SAR 遥感图像本身差异很大，不同平台的参数、SAR 遥感成像质量、海况条件都会造成海洋背景的复杂多变，探测算法往往在一景遥感图像中某一部分表现较好，在另一部分则表现欠佳。因此，如何在复杂背景条件下进行有效的海上舰船探测是一个值得研究的问题。

②扫描模式 SAR 遥感图像的快速探测问题。扫描模式 SAR 遥感图像对海上舰船探测的意义在于大范围地快速发现目标，随着我国自主 SAR 卫星的发射，这一需求较为迫切。

③高分辨率 SAR 遥感图像的舰船探测问题。高分辨率已经成为 SAR 未来发展的趋势，但高分辨率就伴随着高噪声。因此，目前的探测算法如何适应高分辨率的 SAR 遥感图像同样也是一个重要的问题。

6.2　SAR 海上舰船尾迹遥感探测技术与应用

关于 SAR 图像舰船尾迹的研究很多，SAR 图像上的尾迹特征经总结有如下几点（Fan et al.，2019）：通常情况下，尾迹可以视为具有一定宽度的线性特征体；尾迹可能比海面背景亮，也可能比海面背景暗；尾迹不一定笔直；SAR 图像具有内在的斑点噪声；SAR 图像中可能存在其他非尾迹的线性结构。这些都会给尾迹检测算法的研究增加难度。

SAR 舰船尾迹的检测算法很多，基本上可分为基于 Radon 变换的检测算法（Murphy，1986；Rey et al.，1993；Lin et al.，1997）、基于 Hough 变换的算法（Hogan and Marsden，1991；种劲松等，2004）和曲线扫描算法（Eldhuset，1996；种劲松等，2004）等。其中，目前最常用的算法是基于 Radon 变换的检测算法，该方法能有效获取船尾迹的线性特征，是尾迹检测的主要方法之一。Murphy（1986）将 Radon 变换用于 SAR 图像线性特征增强和检测；Rey 等（1990）结合 Radon 变换、高通滤波和 Wiener 滤波器进行了 Seasat SAR 图像尾迹检测；Rey 等（1993）适用 Dempster-Shafer 算法降低了尾迹检测的虚警率；Copeland 等（1995）对短的线段而非整幅图像使用 Radon 变换，开发了特征空间线性检测器（FSLD），提出了局部 Radon 变换算法；Lin 等（1997）将 Randon 变换和形态滤波用于 ERS SAR 遥感图像尾迹检测。

随着 SAR 遥感图像舰船尾迹检测研究的深入，越来越多的方法被引入到了 SAR 舰船尾迹检测中来。例如，Fitch 等（1991）对机载 AIRSAR 图像使用人工神经网络的方法帮助判读 Radon 变换后的尾迹；Kuo 和 Chen（2003）提出了基于小波变换的舰船尾迹检测算法。

国内对于 SAR 船尾迹的检测多集中在对开尔文尾迹、窄 "V" 形尾迹等线性尾迹的检测上，这些尾迹的主要特点是在 SAR 图像上可以形成明显的 "V" 形或者直线，船尾迹检测方法主要是结合 Radon 变换与形态学图像处理技术进行。王世庆等（2001）提出了利用形态学滤波技术进行尾迹检测的算法；汤子跃等（2002）利用 Radon 变换实现了尾迹 CFAR 检测；张宇等（2003）将 Radon 变换局部化，克服了 Randon 变换方法的局限性，使尾迹信号在背景噪声较强时依旧能被检测出来，并能检测出相对于整幅图像尺寸较小的尾迹。当舰船转弯或海浪影响等多种情况发生时，船尾迹不再是直线形状，而是成为一种非线性分布目标，针对这种情况，王大旗等（2005）提出了一种基于生理视觉的静态边界轮廓系统和移动窗口形态滤波，并且转换成二值图像，运用二值形态滤波对线状要素进行分类；此外，邹焕新等（2005）还利用非线性分布目标检测方法对船尾迹进行检测。

6.2.1 SAR 海上舰船尾迹遥感探测技术

6.2.1.1 基于 Radon 变换船尾迹探测算法

在二维欧几里德空间中，Radon 变换被以下公式所定义（周红建等，2000；Rey et al.，1990）：

$$f(\rho, \theta) = R\{f\} = \iint_D f(x, y)\delta(\rho - x\cos\theta - y\sin\theta)\mathrm{d}y\mathrm{d}x \qquad (6.56)$$

式中，D 指坐标为 x-y 的整个图像平面；$f(x, y)$ 为坐标 (x, y) 处的亮度，在灰度图像中即灰度值；δ 为 Dirac 函数；ρ 指由原点至直线的法线距离；θ 为直线的法线与 x 轴的夹角。

Radon 变换的物理意义在于，在平面图像域中沿着任何可能存在的直线进行像素亮度积分，将平面域中的线状特征变换为 Radon 域中的一个单点，从而突出线状目标。一般来说，SAR 遥感图像中的一条直线上像素亮度不同于背景，在变换域就能得到一亮（高于平均值）或暗（低于平均值）的峰值，相对于原图像中则为一亮或暗的直线。Radon 变换的优点是（Tunaley et al.，1991）：①由于积分过程在变换域中降低了噪声，变换域中的 S/N（信噪比）高于原图像；②对于因自然因素引起的线性特征不会进行积分。

δ 函数迫使 $f(x, y)$ 沿着一条法线表达式为 $\rho = x\cos\theta + y\sin\theta$ 的线段进行积分。这样，原图像经过变换后，在 θ-ρ 平面上刻画图像特征。用这种方法可以检测 SAR 图像中的船只尾迹，但存在以下四个局限：①对于 SAR 图像中以暗线特征呈现的尾迹检测率较低；②如果尾迹过于短小，在检测过程中很容易被噪声掩盖；③Radon 变换不能标记尾迹的起点和终点；④即便线状特征足够长，若其有弯曲，Radon 变换也无法提供合理的结果。

6.2.1.2 基于归一化 Hough 变换船尾迹探测算法

Hough 变换是 Paul Hough 于 1962 年在其专利中引入来检测直线，它在图像处理和计算机视觉中有很多应用，如用于直线检测、圆或椭圆检测和边界提取等。二维欧几里德空间中 Hough 变换的定义为：

$$f(\theta, \rho) = H\{F\} = \iint_D F(x, y)\delta(\rho - x\cos\theta - y\sin\theta)\mathrm{d}y\mathrm{d}x \qquad (6.57)$$

其中，D 为整个 x-y 平面，x-y 为以图像中心为坐标的二维欧式平面；$F(x, y)$ 为图像上点 (x, y) 的灰度值；δ 为 Dirac 函数；ρ 指由原点至直线的法线距离，θ 为直线的法线与 x 轴的夹角，取值范围为 $0° \sim 180°$。

灰度图像必须经二值化处理后才能进行 Hough 变换（种劲松等，2004；艾加秋等，2010）。然而，对于 SAR 遥感图像来说，二值化阈值通常难以自适应确定，因为船尾迹可能比 SAR 遥感图像背景亮，也可能比背景暗。

设想直接使用图像灰度信息进行 Hough 变换，此算法称为灰度 Hough 变换，利用灰度 Hough 变换进行尾迹检测时也存在一些问题，若有多于 1 条的直线跨越整幅图像，且直线上的像素点数不同，其对 Hough 变换的贡献便不均匀，再加上噪声的影响，检测结果便存在较大不确定性。

不能简单地进行直线方向上的像素灰度值求和，比较理想的方法是将不同直线内插成相同的点数，然后再求和，但这样做的计算量非常大。为此，在灰度 Hough 变换的基础上进行改进，引入直线长度统计空间，用于将参数空间归一化，从而成为归一化灰度 Hough 变换（种劲松等，2004；艾加秋等，2010），算法描述为：①初始化参数空间中所有累加器 $H(\rho_k, \theta_m)$ 和直线长度统计空间 $L(\rho_k, \theta_m)$ 的值为零；②计算参数空间中的值 $H(\rho_k, \theta_m)$ 和 $L(\rho_k, \theta_m)$，$H(\rho_k, \theta_m) = H(\rho_k, \theta_m) + f(x_i + y_i)$，$L(\rho_k, \theta_m) = L(\rho_k, \theta_m) + 1$；③对参数空间中的值进行归一化，$H(\rho_k, \theta_m) = \dfrac{H(\rho_k, \theta_m)}{L(\rho_k, \theta_m)}$；④统计完后，参数空间的幅值点的参数对应的就是要检测的原图像中参数线条。

6.2.1.3 基于改进的归一化 Hough 变换船尾迹探测算法

式（6.57）中的 $F(x, y)$ 为图像上点 (x, y) 的灰度值，变换后 (θ, ρ) 平面值 $f(\theta, \rho)$ 变成了点 (θ, ρ) 对应的 x-y 平面的几何直线上所有像素点的灰度累计值。但是图像上位于不同位置直线的像素点数目各不相同，使得在图像中的直线对于 Hough 变换空间的贡献不均匀（即累加数目不同），再加上海面背景噪声的严重影响，经常使得检测结果不准确。

另外，传统的船尾迹检测算法都是针对于检测，并没有对检测出的尾迹类型进行识别，针对归一化 Hough 变换算法的不足，基于归一化 Hough 变换提出了一种基于改进的归一化 Hough 变换船尾迹识别算法，不仅实现了船尾迹的自动检测，而且对检测出的尾迹也进行了自动识别，具体措施如下：①对于窗口图像的切割，要以尾迹为中心，以略小于尾迹长度为高度，来确定含有船只目标及其尾迹的图像窗口；②在图像窗口中，对图像进行滤波处理，然后找到船只位置，并将其用窗口图像灰度均值代替；③对该图像窗口进行本书提出的改进算法，在变换域中通过设定阈值来寻找峰值；④根据峰值(ρ, θ)，反演出尾迹所在直线，然后通过阈值条件确定尾迹的起点和终点。

改进的归一化 Hough 变换，算法描述为（巩彪，2013）：

①在参数空间中设定两个灰度累加器 $H_1(\rho_k, \theta_m)$ 和 $H_2(\rho_k, \theta_m)$，以及两个直线长度统计累加器 $L_1(\rho_k, \theta_m)$ 和 $L_2(\rho_k, \theta_m)$，分别用于对亮尾迹和暗尾迹进行积分。

②在参数空间中，首先对亮尾迹进行检测，累加每一个像素的灰度值到 $H_1(\rho_k, \theta_m)$ 并且使 $L_1(\rho_k, \theta_m)$ 加 1，然后在 Hough 变换域中搜索 $H_1(\rho_k, \theta_m)/L_1(\rho_k, \theta_m)$ 的最大值，并将搜索结果保存下来，然后根据阈值判断是否继续搜索。

③接着对暗尾迹进行检测，累加每一个像素的灰度值到 $H_2(\rho_k, \theta_m)$ 并且使 $L_2(\rho_k, \theta_m)$ 加 1，然后在 Hough 变换域中搜索当 $H_2(\rho_k, \theta_m)/L_2(\rho_k, \theta_m)$ 小于均值时的最大值，并将搜索结果保存下来，然后根据阈值判断是否继续搜索，若 $H_2(\rho_k, \theta_m)/L_2(\rho_k, \theta_m)$ 为 0，则直接退出搜索。

④在参数空间中搜索峰值或谷值的前提条件是 $H_1(\rho_k, \theta_m)$ 或 $L_2(\rho_k, \theta_m)$ 大于 M，其中 M 为含有尾迹的 SAR 图像局部窗口中高度的一半，这一限定条件的目的是为了剔除局部高灰度值对检测结果的影响。

⑤通过检测出的尾迹及其夹角来自动识别尾迹的类型。

⑥根据检测出的亮尾迹或暗尾迹，利用均值判别法以及阈值法反演出尾迹端点坐标。

6.2.1.4　基于曲线扫描船尾迹探测算法

曲线扫描算法（Eldhuset，1996）以一点为中心，以给定长度为半径，计算某给定角度方向上像素点灰度的均值和方差等，再按照一定的步长变化角度方向，围绕中心点扫描一周（图 6.31）。用此探测算法可以得到各个不同方向上一定范围内的像素点灰度均值，从而得到一条扫描曲线（图 6.32）。

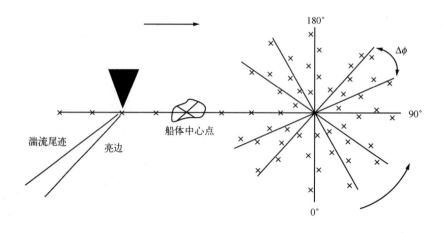

图 6.31　曲线扫描算法原理示意图

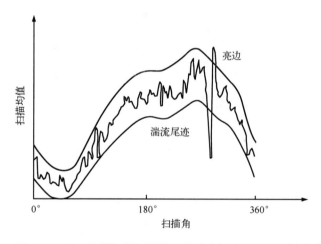

图 6.32　基于曲线扫描探测算法的湍流尾迹 SAR 探测实例

6.2.2　SAR 海上舰船尾迹遥感探测应用

6.2.2.1　基于 Radon 变换船尾迹探测实例

基于 Radon 变换船尾迹探测算法探测实例结果如图 6.33 所示，Radon 变换只能检测出图 6.33(a)和图 6.33(b)的船尾迹，而在背景噪声较大的图 6.33(c)和图 6.33(d)中则无法检测出船尾迹。此外，从实验结果可以看出，直接利用 Radon 变换方法重构得出的图像，虽然能看出尾迹，但其贯穿了整幅图像，无法对航迹的起点和终点做出判断。因此，此方法只是用于粗略的具有线状特征船尾迹检测，而且在背景噪声较强时，就不一定有效。

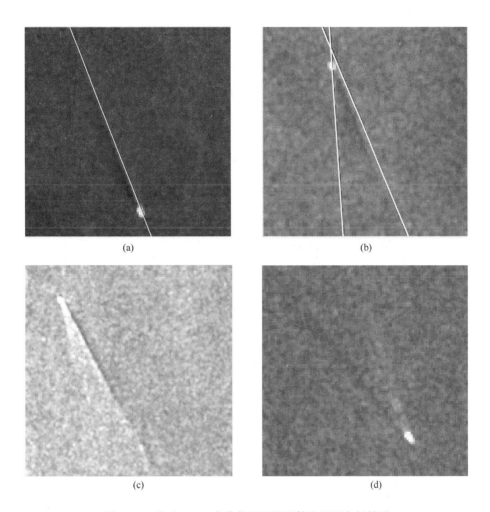

图 6.33　基于 Radon 变换船尾迹探测算法探测实例结果

6.2.2.2　基于归一化 Hough 变换的船尾探测实例

基于归一化 Hough 变换船尾迹探测算法探测实例结果如图 6.34 所示。从探测实例结果可以看出，该算法可以探测尾迹端点，并自动提取船只航向。但是利用该算法在对船尾迹进行检测时，只有尾迹相对于海面背景比较明显时，才能在 Hough 变换空间中比较容易地找到峰值或谷值。另外，归一化 Hough 变换比起前者虽然取得了很好的效果，但大多数情况下，该探测算法适用于单尾迹检测，而且无法自动识别尾迹类型。

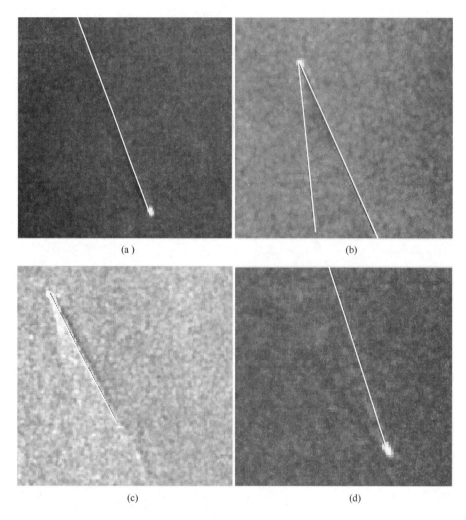

(a)

(b)

(c)

(d)

图 6.34　基于归一化 Hough 变换船尾迹探测算法探测实例结果

6.2.2.3　基于改进的归一化 Hough 变换船尾迹探测实例

基于改进的归一化 Hough 变换船尾迹探测算法探测实例结果如图 6.35 所示。从探测实例结果可以看出，该算法不仅能够检测出所有尾迹，而且能够识别出尾迹类型，分别为湍流尾迹[图 6.35(a)]、含有一臂的开尔文尾迹[图 6.35(b)]、窄"V"形尾迹[图 6.35(c)]以及含有一臂和一条湍流尾迹的开尔文尾迹[图 6.35(d)]。

其中尾迹类型的识别主要通过尾迹夹角进行判断。SAR 遥感图像中的船尾迹显示出不同的特点，窄"V"形尾迹的半张角一般是 2°~3°，开尔文尾迹的半张角接近 19.5°，而湍流尾迹基本上是一条尾迹。因此当只检测到一条船尾迹时，则可以判定是湍流尾迹。当检测到两条船尾迹时，若两条尾迹间的半张角接近 2°～3°时，则判定为窄"V"形尾迹；若半张角接近 19.5°，则是存在两臂的开尔文尾迹；若两条船尾迹夹角接近 19.5°，则是存在一臂的开尔文尾迹；当检测到三条尾迹，且相邻两条尾迹夹角接近 19.5°，则可确定为含有两条亮臂的开尔文尾迹。

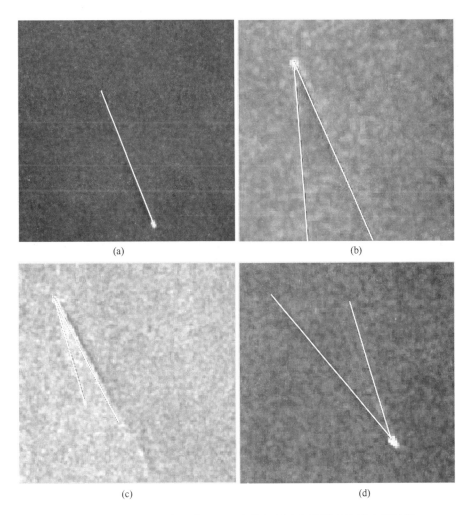

(a)　　　　　　　　　　　　　(b)

(c)　　　　　　　　　　　　　(d)

图 6.35　基于改进的归一化 Hough 变换船尾迹探测算法探测实例结果

6.2.3　小结

在不同的 SAR 遥感图像上，有的海上舰船目标清晰可见，有的船尾迹清晰可见，利用目前的 SAR 海上舰船尾迹探测技术，可以在不指定尾迹条数的情况下自动检测出所有尾迹，并依据判定条件识别尾迹类型，因此开展船尾迹探测对海上舰船遥感探测具有重要意义。

未来，随着 SAR 逐渐向高分辨率、多极化等方向发展，当前基于图像处理方法的 SAR 遥感图像船尾迹检测技术需要更多偏向于不同海况条件下的 SAR 船尾迹产生机理和 SAR 遥感成像机理研究，同时，也可以尝试从复杂的海洋背景出发，在充分考虑海面状态的情况下实现船尾迹的高精度遥感探测。

第7章

SAR 海上舰船特征参数
遥感探测技术与应用

海上舰船目标特征参数遥感探测与分析是进行 SAR 海上舰船目标分类识别的关键，遥感探测算法的优劣与特征参数选择，对目标的分类识别有巨大影响。特征参数选择的目的是寻找一组最优的特征组合，使得利用这一组特征能达到最优的分类识别性能。本章主要从分析星载 SAR 遥感图像海上舰船目标特征出发，研究海上舰船目标几何特征、散射特征、航行特征和吨位特征等提取技术与应用，为 SAR 海上舰船目标分类识别提供技术依据。

7.1 长度特征提取技术与应用

船只的几何参数包括长度和朝向。SAR 遥感图像上探测到船只以后，一般处理成二值图像，这样为后续的信息提取处理提供了方便。对于船只的长度和朝向，有两种方法可以确定：一种是扫描法；另一种是最小二乘法。

7.1.1 扫描法

扫描法是以船只重心为中心，以一定的角度等间隔进行扫描。如图 7.1 所示，旋转中心位置由组成该船只图像的所有点的坐标平均值决定。取直线与图像重合的点最多时的角度为船只的朝向，图上船只长度也可以同时得到。

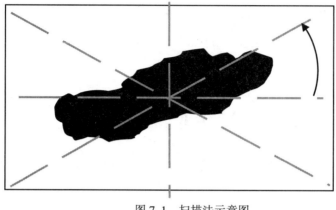

图 7.1　扫描法示意图

7.1.2　最小二乘法

最小二乘法是采用最小二乘的原理来确定船只的朝向。设组成船只图像的一系列像素点为 (i_1, j_1)，(i_2, j_2)，…，(i_n, j_n)，则最合适的直线为 $y = kx + c$。其中 k 和 c 由式(7.1)和式(7.2)确定：

$$k = \frac{n \sum_{m=1}^{n} i_m j_m - (\sum_{m=1}^{n} i_m)(\sum_{m=1}^{n} j_m)}{n \sum_{m=1}^{n} i_m^2 - (\sum_{m=1}^{n} i_m)^2} \tag{7.1}$$

$$c = \bar{j} - k\bar{i} \tag{7.2}$$

其中，$(\bar{i}, \bar{j})$ 为船只的重心坐标。

图 7.2 为最小二乘法计算出来的直线，通过这条直线，可以计算出船只长度。图像的分辨率对结果的精度有影响，分辨率越高精度越高。

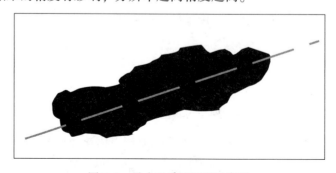

图 7.2　最小二乘法原理示意图

7.1.3 探测实例

自动量测精度与多种因素有关，包括 SAR 的遥感成像条件、SAR 遥感图像质量、遥感探测方法和自动量测方法等。假设认为前三个因素是一致的，则主要分析自动量测方法的性能。

图 7.3 为 Radarsat-1 SAR 遥感图像，该图像清晰地显示了某港口停泊的 5 艘船只。图 7.4(a)为采用扫描法进行船只朝向和船长量测后的结果。其中小的方框是对船只的定位，线段为朝向；图 7.4(b)为扫描法自动量测的具体信息。经纬度暂由行列坐标值代替，自动量测的朝向的精度为 10°，船长采用的单位为像素。图 7.5(a)为采用最小二乘法进行朝向和船长自动量测的结果；图 7.5(b)为最小二乘法自动量测结果的详细信息。

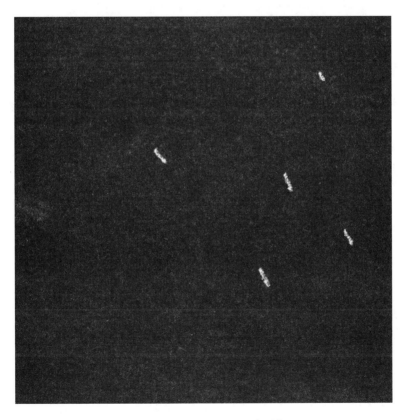

图 7.3　Radarsat SAR 遥感图像

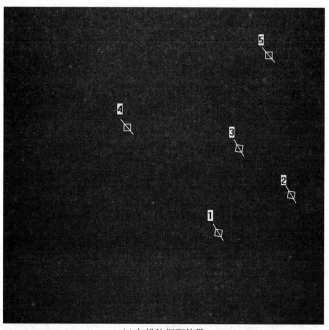

(a) 扫描法探测结果

船只信息:

编号	经度	纬度	长度	宽度	速度	方向
☐1.	331.	339.	26.3142	0.	0.	340.
☐2.	439.	289.	22.	0.	0.	330.
☐3.	362.	219.	24.	0.	0.	330.
☐4.	198.	185.	23.3359	0.	0.	320.
☐5.	404.	85.	12.4458	0.	0.	320.

OK

(b) 探测结果具体信息

图7.4 采用扫描法进行船只船长和朝向量测后的结果

　　表7.1为扫描法和最小二乘法的探测结果对照分析表，对照分析表中增加了人工量测这一项，人工量测值可以作为真实值与两种自动方法的量测结果进行比较分析。从表7.1可以看出，使用扫描法进行长度量测的平均百分比误差为2.1%，进行朝向量

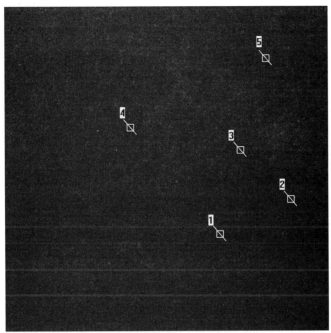

(a) 最小二乘法探测结果

船只信息：

编号	经度	纬度	长度	宽度	速度	方向
□ 1.	331.	340.	25.0445	0.	0.	323.21
□ 2.	439.	289.	21.5711	0.	0.	322.94
□ 3.	362.	219.	24.1443	0.	0.	330.2
□ 4.	198.	186.	19.754	0.	0.	305.91
□ 5.	405.	85.	10.0168	0.	0.	307.

OK

(b) 探测结果具体信息

图 7.5　采用最小二乘法进行船只朝向和船长量测后的结果

测的平均误差为 3.8°，使用最小二乘法进行长度量测的平均误差为 8.6%，进行朝向量测的平均误差为 8.3°。可见扫描法的精度优于最小二乘法。扫描法的个别误差中，长度最大误差率为 7.6%，最小误差为 0，两者相差 0.076，朝向最大误差率为 6.1°，最小误差率为 1.3°。两者相差 4.8°。最小二乘法的个别误差中长度最大误差率达到 23%，最小误差为 0，两者相差 0.23，朝向误差最大达到 14.3°，最小误差为 3.0°，两者相差 11.3°。

可见扫描法在精度上高于最小二乘法，并且比最小二乘法稳定，最小二乘法的精度与船只的形状有关，船只灰度外形越接近线状，最小二乘法拟合的精度越高。但是扫描法的运算量比最小二乘法的运算量要大，因此消耗的时间要长。

表 7.1　扫描法和最小二乘法的探测结果对照分析

船只	扫描法		最小二乘法		人工量测		误差			
	长度（像素）	朝向（°）	长度（像素）	朝向（°）	长度（像素）	朝向（°）	长度误差（%）		朝向误差（°）	
1	26	340	25	323.2	27	334.1	3.7	7.4	6.1	10.9
2	22	330	22	322.9	22	326.8	0.0	0.0	4.2	3.9
3	24	330	24	330.2	25	333.2	4.0	4.0	3.2	3.0
4	23	320	20	305.9	23	315.4	0.0	13.0	4.6	9.5
5	12	320	10	307	13	321.3	7.6	23.0	1.3	14.3
平均误差							3.0	9.5	3.8	8.3

注：长度误差为百分比误差；朝向误差为绝对误差。

7.2　宽度特征提取技术与应用

在长度提取的基础上，进行宽度特征提取主要有两种方式：一种是采用最小外接矩形的宽度作为船只宽度，如图 7.6 所示；另一种是在长轴的纵剖面测量多个宽度，然后取均值，如图 7.7 所示。显然采用最小外接矩形的方法，其测量值偏大。

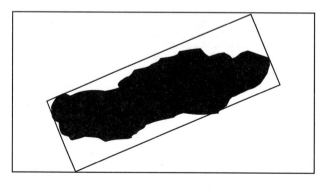

图 7.6　宽度外接矩形测量示意图

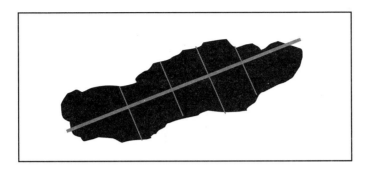

图 7.7   宽度纵剖面测量法示意图

7.3   周长和面积特征提取技术与应用

周长特征的提取，主要采用边缘检测的方法。本文采用 Sobel 边缘检测器来实现目标的边缘检测。Sobel 边缘检测器使用图 7.8 中 Sobel 算子的掩模来数字化地近似一阶导数值 G_x 和 G_y。一个领域中心点 Z_5 的梯度按如式(7.3)计算：

$$g = [G_x^2 + G_y^2]^{1/2} = \{[(Z_7 + 2Z_8 + Z_9) - (Z_1 + 2Z_2 + Z_3)]^2 +$$
$$[(Z_3 + 2Z_6 + Z_9) - (Z_1 + 2Z_4 + Z_7)]^2\}^{1/2} \tag{7.3}$$

若在此处 $g > T$，则这个像素是一个边缘像素，其中 T 为指定的阈值。

因此，Sobel 边缘检测的过程为：使用图 7.8 中 Sobel 算子左边的掩模对图像进行滤波，再使用另一个掩模对图像进行滤波，然后计算每个滤波后的图像中像素值的平方，并将两幅结果相加，最后计算相加结果的平方根。

边缘检测出来以后，通过边界跟踪，就能得到船只的周长，边界跟踪算法比较简单，这里不再详细叙述。面积提取采用区域生长法。区域生长法常用于图像分类。区域生长法以图像的某个像元点为生长点，按照某种法则判断周围点与生长点的相似程度，将具有相似特征的相邻像元合并为同一区域。以合并的像元为新的生长点，重复以上的判断合并过程，最终形成具有相似特征的像元的最大连通集。

Z_1	Z_2	Z_3
Z_4	Z_5	Z_6
Z_7	Z_8	Z_9

−1	−2	−1
0	0	0
1	2	1

−1	0	1
−2	0	2
−1	0	1

图 7.8　Sobel 边缘检测算子

7.4　舰船散射特征提取技术与应用

散射峰值作为一种特征已经被广泛应用于 SAR 遥感图像的自动目标识别。峰值本质上对应图像的散射中心，其分布含有目标的结构信息，可以利用峰值和目标结构的对应关系来实现目标的分类和识别。目前国外成熟的 SAR 图像自动目标识别系统如美国国防部(DARPA)和空气动力研究实验室(AFRL)开发的 MSTAR 以及加拿大的 SAR ATR 都设计了专门的峰值提取模块。

SAR 遥感图像目标峰值表现为图像上的局部极大值，是成像过程中点散射体响应和 SAR 系统冲击响应函数卷积的结果。两坐标轴的位置、幅度、两坐标轴上的宽度及取向可用 6 个参数表征(Bhanu et al.，1997；高贵等，2005)。峰值通常可用高斯函数 I_θ 建模，SAR 系统冲击响应函数可近似为各项同性的二维高斯函数 H。二者的卷积为：

$$I(u,\ v) = I_\theta(u,\ v) \otimes H(u,\ v) \tag{7.4}$$

简化以后为

$$I(u,\ v) \cong h\left[1 - \frac{(u-u_0)^2}{2\sigma_{u_0}^{\ 2}} - \frac{(v-v_0)^2}{2\sigma_{v_0}^2}\right] \tag{7.5}$$

转换为二次抛物面方程为：

$$I(u,\ v) = I(u,\ v) \cong ax^2 + by^2 + cxy + dx + ey + f \tag{7.6}$$

6 个参数与 6 个峰值特征参数有如下关系：

$$a = \frac{h}{2} \cdot \left(\frac{\sin^2\theta}{\sigma_{v_0}^2} - \frac{\cos^2\theta}{\sigma_{u_0}^2} \right)$$

$$b = -\frac{h}{2} \cdot \left(\frac{\sin^2\theta}{\sigma_{v_0}^2} + \frac{\cos^2\theta}{\sigma_{u_0}^2} \right)$$

$$c = h \cdot \sin2\theta \left(\frac{1}{2\sigma_{v_0}^2} - \frac{1}{2\sigma_{u_0}^2} \right)$$

$$d = -2ax_0 - cy_0$$

$$e = -2by_0 - cx_0$$

$$f = ax_0 + by_0 + cx_0y_0 + h \tag{7.7}$$

式(7.7)中包含 6 个待求参数：峰值位置(x_0, y_0)，峰值宽度(σ_{u_0}, σ_{v_0})，幅度 h 和方向 θ。只要能求出方程的 6 个参数，就能获得峰值的 6 个参数。

峰值的自动提取就是利用图像信息求解方程的过程。求解步骤如下：①局部图像平滑；②对图像中的每个 3×3 邻域进行二次曲面拟合，求 6 个多项式系数；③判断 3×3 邻域内是否存在局部极大值；④如果存在局部极大值，则求解峰值的 6 个特征参数；⑤记录所有峰值，并查找主峰值。

然而，在高分辨率(如 3~5 m)SAR 遥感图像上，三维的峰值提取会出现局部多峰值的问题，如彩图 6 圈所示，由此造成的问题是三维的多峰值匹配非常困难，难以实现计算机的自动匹配。因此需要考虑三维图像进行降维处理，以便减少信息量，为全自动模型匹配提供条件。降维处理的方式采用纵剖面投影技术。

降维处理后，信息量的确会部分损失，但是从研究的技术方案上考虑，目前三维的信息量并不能充分应用于识别，经过降维处理以后，损失的部分信息量从当前的技术路线上来看是属于不稳定的信息量，对识别结果影响不大。在横剖面上的信息量受到分辨率的影响，其可靠性也低于纵剖面。

构建纵剖面投影时，首先可对舰船图像区域进行局部 Gamma 滤波，尽可能使峰值聚集在一起，这样投影出来的峰值不会离散，然后以纵轴为中心，图像上垂直于纵轴的像素取最大值作为纵轴上该点的散射强度，如图 7.9 所示。

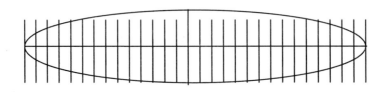

图 7.9　纵剖面投影示意图

军舰和民船的结构表现在 SAR 遥感图像上的散射强度和位置上有一定的差异。在军舰上一般遵循中间高两端低的结构，而在货轮或者油轮等民船上则是尾部高、中部和头部低或者中部略高于头部。这种结构差异在高分辨率 SAR 遥感图像的纵剖面投影上也有一定的表现。

图 7.10 是新加坡"可畏"号护卫舰的散射纵剖面投影，图 7.11 是"可畏"号驱逐舰的真实图片。图 7.12 是俄罗斯"瓦良格"号巡洋舰的 SAR 图像纵剖面投影图，图 7.13 是其真实图片。图 7.14 是集装箱民船的 SAR 图像纵剖面投影图，图 7.15 是其真实图片。根据以上几个例子以及其他图像分析可得出以下结论，SAR 遥感图像散射强度纵

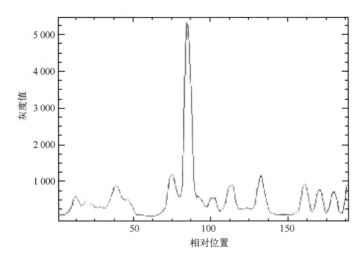

图 7.10　新加坡"可畏"号护卫舰 SAR 遥感图像纵剖面投影图

图 7.11　新加坡"可畏"号护卫舰外观

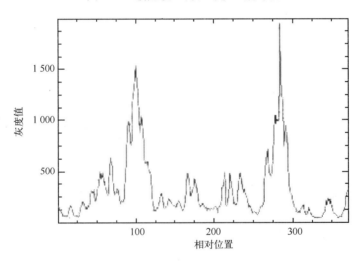

图 7.12　俄罗斯"瓦良格"号巡洋舰 SAR 遥感图像纵剖面投影图

图 7.13　俄罗斯"瓦良格"号巡洋舰外观

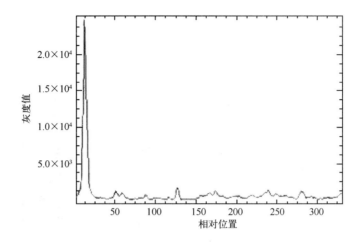

图 7.14　集装箱民船 SAR 遥感图像纵剖面投影图

图 7.15　集装箱民船外观

剖面图与其真实船体结构存在一定的关系，军舰的 SAR 图像纵剖面投影图上强峰值存在一个或者多个，单个强峰值位置在中心或者三个强峰值位置在左中右，靠中间的位置。民船常出现单个非常强峰值，或者多个峰值时，最强的那个都在船尾部。因此，利用这个区别，就可以对军民船进行一定的区分。

7.5　船只吨位提取技术与应用

关于海上舰船的吨位、雷达后向散射强度与船长之间关系的研究非常少。1982 年 Skolnik 最早提到一个假设：假设在没有更多信息的情况下，可以简单地认为船只的吨位与后向散射截面相等。Bedford 海洋研究所在此基础上利用 MARCOT'95 演习提供的数据得出如下等式(Skolnik，1982)(在不考虑入射角的情况下)：

$$\sigma \equiv D = 0.08 l^{\frac{7}{3}} \qquad (7.8)$$

本书利用海空同步试验数据，对此关系在高分辨率 SAR 图像上的适用程度做了评估。从图 7.16 显示看出，式(7.8)并不适合本次试验数据，式(7.9)可能是个更好的选择。

$$D = 0.02 l^{\frac{8}{3}} \qquad (7.9)$$

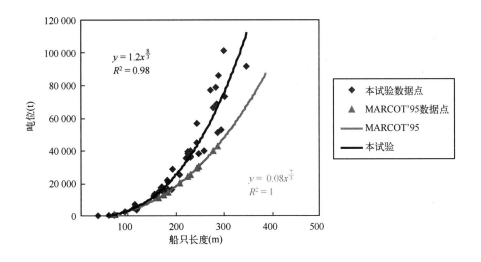

图 7.16　船只长度与吨位之间的关系

对于 Skolnik 的假定，目前还没相关研究对其证明。本文利用试验数据对船只后向散射截面(RCS)和吨位之间的关系进行了分析，如图 7.17 所示。考虑到其他影响因素，如测量误差、定标误差等影响，二者之间还是有一定的相关性。

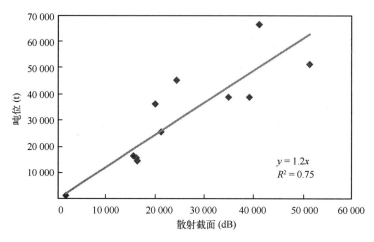

图 7.17　试验船只吨位与后向散射截面的关系

由上可知，船长与吨位之间的关系并非恒定的，但是大致可用某种数学函数，如幂函数来表达。而船只吨位与后向散射截面之间的关系还有待进一步研究。

7.6　运动参数提取技术与应用

湍流尾迹、内波尾迹、窄"V"形尾迹和开尔文尾迹在 SAR 遥感图像上的几何状态与产生该尾迹的船只速度和航向有一定关系。基于 SAR 船尾迹遥感成像机理和遥感图像识别特征，可以通过船只在方位向的偏移量、船尾迹的长度和夹角等特征的分析，针对不同类型的尾迹通过具体算法提取船只运动参数。

7.6.1　利用湍流尾迹提取航速

7.6.1.1　湍流尾迹航速提取方法

当船只航行方向存在沿卫星距离向的分量时，船只将在 SAR 遥感图像上产生方位向的位移，此时 SAR 遥感图像上显示的船只目标位置便偏离了其真实位置，表现出船只与其尾迹分离的特征。根据 SAR 遥感图像的成像理论，船速大小可由方位向位移大小计算出来，即：

$$V_{\text{ship}} = \frac{dV_{\text{sat}}}{H\tan\theta\cos\varphi}$$

（7.10）

其中，d 为船只方位向位移；φ 为船只运动矢量与 SAR 距离向之间的夹角；H 为 SAR 平台的飞行高度；θ 为雷达波入射角；V_{sat} 为卫星飞行速度。

7.6.1.2　湍流尾迹航速提取实例

图 7.18 为 ERS-1 SAR 海上舰船湍流尾迹遥感图像，卫星参数分别为 $H=785$ km，$V_{sar}=7\,466$ m/s，$\varphi_{sar}=342°$，$\theta=23°$。通过量测计算，得到多普勒位移为 30.6m，船只航向为 242.5°，航行速度为 17.1 kn（1 kn=1.852 km/h）。

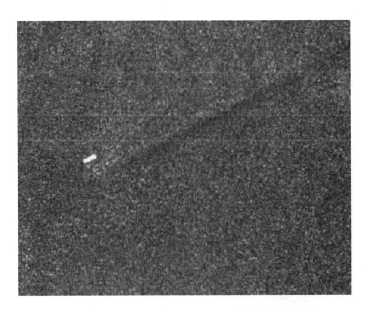

图 7.18　海上舰船湍流尾迹 SAR 遥感图像

7.6.2　利用内波尾迹提取航速

7.6.2.1　内波尾迹航速提取方法

根据 Keller-Munk 内波尾迹模型，运动点源以速度 V 移动时，点源和内波有几何关系：

$$x = \frac{\varphi_{zw} V (1 - c_p c_g / V^2)}{k(c_p - c_g)}$$

$$y = \frac{\varphi_{zw} c_g (1 - c_p^2 / V^2)^{\frac{1}{2}}}{k(c_p - c_g)}$$

(7.11)

其中，φ_{zw} 为内波相位；k 为内波波数；(x, y) 为内波到船体的相对位移；群速度 c_g 和相

速度 c_p 均为波数 k 的函数。对应于特定的前导波，相位 φ_{zw} 为常数，波数 k 为独立参数，此时尾迹的几何形状仅由船速 V_{ship} 和内波传播属性(群速度和相速度)决定。当船速度 $V_{ship} \gg c_p$，c_g 时，公式(7.11)可简化为

$$\frac{y}{x} = \frac{c_g}{V_{ship}} = \tan\alpha \qquad (7.12)$$

其中，α 为尾迹半张角。

7.6.2.2　内波尾迹航速提取实例

图 7.19(a)给出了 2006 年 4 月 28 日青岛海域典型的内波尾迹。该内波尾迹贯穿了整幅子图的对角线，其内波半张角 $\alpha = 1°$。图 7.19(b)为"东方红 2"号海洋调查船在研究区域获得的现场 CTD 测量的温、盐、密剖面数据，地图中的黑点表示观测地点，方框为图 7.19(a)整幅 SAR 遥感图像的所处位置。

该观测点水深 38.6 m，现场同步海面风速 8.1 m/s，风向 169°，跃层深度约 14 m，根据界面波理论，得到该跃层的内波群速度约为 $c_g = 0.1$ m/s，根据公式(7.12)，计算得到船速约为 5.7 m/s。

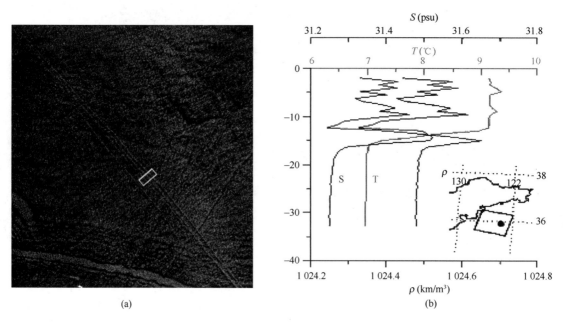

(a) (b)

图 7.19　(a) 2006 年 4 月 28 日遥感成像的青岛海域内波尾迹 SAR 遥感图像；

(b)SAR 遥感成像时同步测量的 CTD 数据剖面图

7.6.3 利用窄"V"形尾迹提取航速

7.6.3.1 窄"V"形尾迹航速提取方法

窄"V"形尾迹在 SAR 遥感图像上呈现为亮的窄"V"字形状。当船只产生窄"V"形尾迹时，其速度与窄"V"形尾迹的"V"字夹角 α 有如下关系：

$$a = 2\tan^{-1}\left(\frac{c_g}{V_{\text{ship}}}\cos\varphi\right) \tag{7.13}$$

其中，c_g 为布拉格波的群速度；V_{ship} 为船只航行速度；φ 为雷达方位向与船只航迹之间的夹角。c_g 由式(7.14)给出

$$c_g = \frac{\partial\delta}{\partial k} \tag{7.14}$$

其中，δ、k 分别为频率和波速。δ 和 k 有以下关系：

$$\delta = \sqrt{gk + \xi k^3} \tag{7.15}$$

其中，ξ 为海水表面张力系数；g 为重力加速度。k 由式(7.16)给出

$$k = \frac{2\pi}{\lambda} \tag{7.16}$$

其中，λ 为布拉格波波长。由式(7.14)、式(7.15)、式(7.16)可以推出利用窄"V"形尾迹提取航速的公式：

$$V_{\text{ship}} = \frac{\cos\varphi(g\lambda^2 + 12\pi^2\xi)}{\tan2\alpha\sqrt{2\pi g\lambda^3 + 8\pi^3\xi\lambda}} \tag{7.17}$$

利用窄"V"形尾迹估算船只的航速需要量测窄"V"形的夹角大小，其夹角大小可以通过人机交互在 SAR 遥感图像上提取来获得。

7.6.3.2 窄"V"形尾迹航速提取实例

图 7.20 为成像日期为 2000 年 5 月 28 日的 ERS-2 SAR 遥感图像，地点为 23.431°N、121.909°E 附近。各参数分别为：$H = 786.413\ \text{km}$，$V_{\text{sat}} = 7\,466\ \text{m/s}$，$\varphi = 192.2°$，$\theta = 23°$。经计算，船只方向为 177.068°，速度为 5.1 kn。

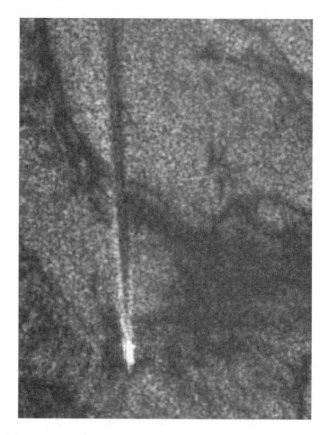

图 7.20 2000 年 5 月 28 日成像的窄"V"形尾迹 SAR 遥感图像

7.6.4 利用开尔文尾迹提取航速

7.6.4.1 开尔文尾迹航速提取方法

开尔文尾迹的特点在很多研究中均有描述，其中，开尔文尾迹中横波的相速度与船只航行速度相等。利用这个结论可以开展海上舰船航速计算。

设横波的相速度为 C_p，船只的航行速度大小为 V_{ship}，横波波长为 λ，重力加速度为 g，则 $C_p = V_{ship}$，因为 $C_p = \sqrt{\dfrac{\lambda g}{2\pi}}$，那么，

$$V_{ship} = \sqrt{\frac{\lambda g}{2\pi}} \qquad (7.18)$$

由式(7.18)可知，只要知道横波的波长，就可以计算出船只的航行速度。

7.6.4.2 开尔文尾迹航速提取实例

图 7.21 为成像日期为 2000 年 5 月 28 日的 ERS-2 SAR 遥感图像，地点为 23.431°N、121.909°E 附近。该图像为一典型单臂可见的开尔文尾迹 SAR 遥感图像，尾迹内的横波清晰可见。各参数分别为：$H = 786.413$ km，$V_{sar} = 7\,466$ m/s，$\varphi = 192.2°$，$\theta = 23°$。经计算，船只方向为 52.4°，速度为 7.6 kn。

图 7.21　2000 年 5 月 28 日成像的尔文尾迹 SAR 遥感图像

7.7　小结

SAR 遥感图像目标特征主要包括物理特征、电磁特征和数学变换特征。物理特征包括其点特征（峰值位置、序列和强度）、线特征（边缘、特征线）和面特征（长度、宽度、面积、形状、纹理和阴影等）。电磁特征包括散射中心特征、极化特征和距离向剖面回波特征。数学变换特征主要包括傅立叶变换特征、小波变换特征、不变矩特征和主分量变换特征。

  对于星载 SAR 遥感图像而言,进行特征提取与选择有一定难度,主要体现在如下两个方面:一是维数太高,一个像素代表一维,大量信息存储在随机分布的灰度值中,必须先提取出能描述客体本质的纹理特征、几何形状和相关特征,然后才能进一步处理;二是其目标特征提取与选择方法必须与研究目标的雷达特性相关,对于不同目标在不同的电磁环境中必须采用不同的特征提取手段,没有完全通用的特征和方法。

第8章

SAR海上舰船目标遥感分类识别技术与应用

随着星载SAR空间分辨率的不断提高，使得SAR海上舰船目标遥感分类识别成为可能。目前，SAR海上舰船目标分类识别的算法很多，按照输入参数的不同，主要包括基于特征的分类识别技术和基于图像的分类识别技术。本章主要通过开展海上舰船目标SAR遥感分类识别技术与应用研究，为海洋目标监视系统提供关键技术支撑。

8.1 SAR海上舰船目标分类识别原理

特征的选择是SAR目标分类识别的一个关键问题，也是目前研究的一个热点问题。分类识别特征要尽量符合唯一、可识别性强和计算简便的要求。从星载SAR船只图像上能够提取到的船只特征主要包括长度、宽度、周长、面积、结构特征、统计特征和纹理特征等，实际研究发现，SAR船只图像的统计特征包括直方图特征和统计示性度特征。由于受到SAR成像条件(包括相对位置、波段和极化等)的影响，很多特征并不具备完全的唯一性和很强的可识别性。此外，由于船只本身面积比较小，并且同样受到成像条件的影响，SAR船只图像的纹理特征也不具备完全的唯一性和很强的可识别性。本研究主要采用了长度、长宽比、面积长度比和结构特征(散射峰值信息)这四类特征作为分类识别特征，在此基础上提出了基于分级分类信息的分类识别方法和技术流程。

8.1.1 舰船目标长度特征分类识别原理

舰船的长度特征具有一定的识别能力，特别是对于军舰有较好的分类识别效果，Gagnon 曾经采用长度特征对机载 SAR 遥感图像上的舰船目标进行了识别。统计资料(来源于《简氏船只年鉴》)表明，航空母舰、巡洋舰、驱逐舰和护卫舰的长度均分布在不同的长度区间内，如图 8.1 所示。航空母舰长度主要分布在以长度 330 m 处为峰值的正态分布区间，巡洋舰主要分布在以长度 180 m 处为峰值的正态分布区间，驱逐舰主要分布在以长度 140 m 处为峰值的正态分布区间，护卫舰主要分布在以长度 110 m 处为峰值的正态分布区间。图 8.1 同时显示民船长度的分布具有较大的标准差，如果将更多的小吨位民船纳入统计，分布曲线的标准差将更大。

由此可见，船只长度特征对四大军舰类型具有较好的识别能力，但对军舰和商船不具有识别能力。因此若能先区分军舰和商船，那么利用长度特征就能较好地区分军舰类型。对于军舰类型的区分则转化为一个统计模式识别问题。

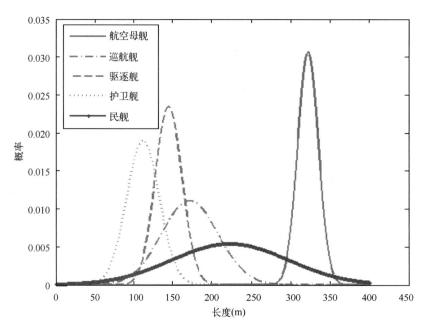

图 8.1 舰船长度概率分布图

设 $x=(x_1, x_2, \cdots, x_n) \in \Omega_x \subset R^n$ 为 n 维矢量空间 Ω_x 中的随机矢量，其分量 $x_i(i=1, 2, \cdots, n)$ 为对象第 i 个特征量的测量值，随机矢量 x 有确定的概率分布函

数 $P(x)$。设对象类别可按其特征划分为 k 类，用正整数 $y \in |0, 1, \cdots, k-1|$ 表示。当特征矢量为 x 时属于类别 y 的条件概率分布密度为 $p(y/x)$，称之为后验概率。通过大量实验得到的 y 类出现的概率 $P(y)$ 为先验概率。在模式为 y 时，特征矢量的条件概率分布密度为 $p(x/y)$。利用著名的 Bayes 公式可以从先验概率计算出后验概率：

$$p(y/x) = \frac{p(x/y)P(y)}{P(x)} \tag{8.1}$$

其中，$P(x) = \sum_{y=0}^{k-1} p(x/y)P(y)$。经典统计理论表明，基于后验概率极大的 Bayes 决策是使 Bayes 风险极小的决策。如果有足够的先验知识，即知道概率分布函数 $P(y)$ 和条件概率分布密度 $p(y/x)$，就可以构造一个基于 Beyes 最小风险的分类器。在实际应用中，很难有完备的先验知识，因此需要对先验概率 $P(y)$ 和条件概率 $p(y/x)$ 进行估计。具体研究过程中，可采用简单的设定方法得到先验概率 $P(y)$，采用参数化方法估计条件概率 $p(y/x)$。

通过对大量军舰和民船的统计分析，获得了船只长度的统计分布，假定各类船只的统计分布符合正态分布，条件概率 $p(y/x)$ 的估计问题就转化为对正态分布的参数的估计问题。正态分布的参数可以通过一定数量的样本估计得到。

8.1.2　舰船目标长宽比特征分类识别原理

不同类别的船只外形结构有一定的差异，这种差异主要源于船只的不同用途，例如货船设计考虑尽可能大的运货空间和航行速度，而军舰要考虑火力的布局，船体隐身性能等。统计资料(来源于《简氏舰船年鉴》)表明不同类别的船只其长宽比有一定的差异，如图 8.2 所示，航空母舰主要分布在以长宽比 4.3 为峰值的正态分布区间，民船主要分布在以长宽比 6.2 为峰值的正态分布区间，而巡洋舰、驱逐舰和护卫舰则分布在以长宽比 9 为中心的区域内，重叠区域很大。

由此可见，通过长宽比特征可以较好地区分军舰和民船，在军舰中可以区分航空母舰和其他类别的军舰，但是不能进一步区分巡洋舰、驱逐舰和护卫舰。参照上一节的最佳 Bayes 分类方法，可以构造一个基于长宽比的军舰和民船分类器。

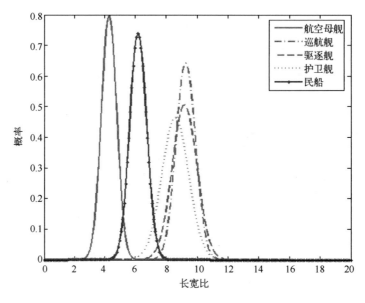

图 8.2　长宽比概率分布图

8.1.3　舰船目标面积长度比特征分类识别原理

面积长度比分类主要考虑军舰和普通民船在外形上的区别。军舰尤其是作战舰艇其外形主要为扁梭形，如图 8.3(a)所示，普通民船或非战斗舰艇外形轮廓如图8.3(b)所示。在相同长度下，民船轮廓包含更多的面积，其面积长度比值要大于军舰。在高分辨率 SAR 遥感图像下，面积长度比可被精确测量，相较长宽比而言，面积长度比不但能够区分军舰和民船，还具有长宽比所不具备的唯一识别性。图 8.4是高分辨率下某军舰的 SAR 遥感图像，由图可以清楚地分辨出军舰的外形轮廓线。其覆盖面积如图 8.5 所示。其面积长度比为 29.1，而货轮等其他船只一般面积长度比都在 50 以上。

(a) 军舰　　　　　　　　　　　　　　　　(b) 普通民船

图 8.3　军舰与普通民船外形区别图

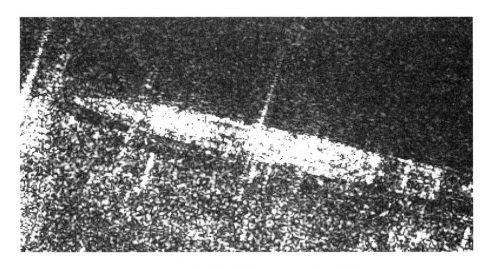

图 8.4　高分辨率下某军舰的 SAR 遥感图像

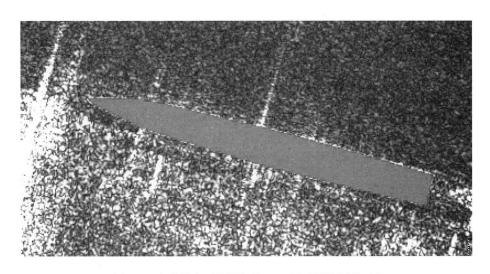

图 8.5　高分辨率下某军舰的 SAR 遥感图像覆盖面积

　　统计资料(来源于《简氏船只年鉴》)发现，各类船只的面积长度比分布是有一定规律的。图 8.6 是统计给出的典型船只的面积长度比分布图。由图可以看出，驱护舰的面积长度比基本都在 30 以下，而军用补给船的面积长度比则略高于驱护舰，低于各类民船，而在长宽比分布图上，补给船与民船是难以区分的，可见面积长度比相对长宽比有更好的区分度。尼米兹级航空母舰的面积长度比为 72。

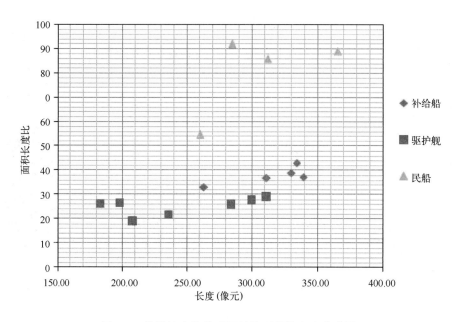

图 8.6　统计给出的典型船只的面积长度比分布图

8.1.4　舰船目标结构散射特征分类识别原理

船只结构特征与船只类型也有一定的关系。货轮在设计上尽量考虑获得最大的容积空间，往往将驾驶舱和轮机舱设在同一个部位，如图 8.7 所示。而军舰则考虑整个船体的平衡问题，将主要结构集中在中部，如图 8.8 所示，由于驾驶舱的结构特征，使其相对 SAR 构成许多二面角散射器，在 SAR 遥感图像上表现出来的特征为在船只的主要结构部位形成强峰值。

为了更好地区分峰值的位置，我们以航空母舰为平面将船只表面划分成 9 个部位，如图 8.9 所示。前面从右到左依次划分为 1 号、2 号和 3 号区，中间从左到右依次划分为 4 号、5 号和 6 号区，尾部从右到左依次划分为 7 号、8 号和 9 号区。对于普通船只一般只有前、中、后三个区域，则可由 2 号、5 号和 7 号区域代替。可见军舰的散射峰值一般集中在中部，即 5 号区域，航空母舰在 6 号区域，民船一般集中在 7 号和 1 号区域。

然而三维特征在计算和识别时都非常困难，由第 7 章可知对三维特征进行降维处理，即进行剖面投影能够有效降低计算量，且对计算机匹配非常有利。长度百米左

图 8.7　货轮结构

图 8.8　军舰结构

右的船只, 其纵剖面可划分为五个部分, 分别为前、中前、中、中后和后。按照每个部分的峰值出现与否和强弱关系, 通过 SAR 遥感图像纵剖面投影图像统计, 进行典型军民船只纵剖面投影类型归纳, 观测目标是军舰还是民船可以据此进行判别。每种类型的特征都可以通过数学模型来模拟, 这样将来的识别可以完全由计算机来自动实现。

图 8.9　船只表面划分成部位示意图(以航空母舰为例)

8.2　SAR 海上舰船目标遥感分类识别技术

通过上一节的分析可知,单独利用长度、长宽比和结构特征三者任意一种特征进行识别是可行的,但是其识别度有限。在实际应用时,由于海上舰船 SAR 遥感图像存在各种不确定性,有的图像上没有峰值特征,有的图像由于天线增益的原因出现亮十字特征,因此需要将三种特征有效地结合起来。由此提出了基于长度和结构特征的分类法、基于长度和长宽比特征的识别技术、基于长宽比和结构特征的识别技术和多特征综合识别技术。

8.2.1　基于长度和长宽比的分类识别技术

长度特征能够用于区分军舰的类别,单独用长度不能有效地区分军舰和民船,而长宽比能够有效地区分军舰和民船,二者结合起来能够对军舰进行分类识别。彩图 7 为基于统计资料(来源于《简氏船只年鉴》)给出的长度和长宽比分类识别的示意图,图中显示在长宽比 5~7 的区间内集中了大量民船,长宽比 5 以下的是航空母舰,长宽比 7 以上的大部分为军舰。在长宽比 7 以上的区域中,三种不同颜色的军舰在长度轴上呈大致平行的排列,有部分交叠,可见利用长度特征能够对其做一定的区分。

8.2.2　基于长度和结构特征的分类识别技术

利用长度特征有时难以区分军舰和民船，但是通过结构特征可以对二者进行区分。彩图 8 为基于统计资料（来源于《简氏船只年鉴》）给出的长度和结构特征的识别示意图，从图中可以清楚地看出通过结构特征可以把船只大致分为三类：民船、航空母舰和一般军舰。再通过长度特征可以进一步识别军舰，但对民船不能做进一步区分。而补给船类似于民船，所以也不能有效地被识别出来。

8.2.3　基于长宽比和结构特征的分类识别技术

长宽比和结构特征在区分军舰和民船上具有类似作用。考虑到结构特征的诸多不确定因素，采用这两个特征结合的识别技术，有利于提高分类的精度。彩图 9 同样是利用统计资料（来源于《简氏船只年鉴》）给出的基于长宽比和结构特征的识别示意图，图中显示民船的结构特征均集中在 8 的位置，军舰中除了航空母舰的结构特征在 6 的位置外，其余均在 5 的位置。长宽比轴显示也能够将船只区分为三类：航空母舰、民船和军舰。但对军舰则不能做进一步识别。

8.2.4　基于目标结构散射特征的分类识别技术

长度百米左右的中小型海上舰船目标分类识别中，目标结构散射特征的纵剖面（前、中前、中、中后和后五部分）是相对稳定的 SAR 遥感图像特征，图 8.10 为归纳得到的五类典型舰船纵剖面投影类型特征。利用散射峰值之间的几何关系和强度关系对舰船进行分类可以有效提高舰船分类的准确率。将通过三维特征降维处理得到的纵剖面与基于典型军民船只纵剖面投影类型得到的数学模型进行匹配，按照纵剖面前、中前、中、中后和后五部分中每个部分的峰值出现与否和强弱关系实现了中小型舰船目标的分类识别。

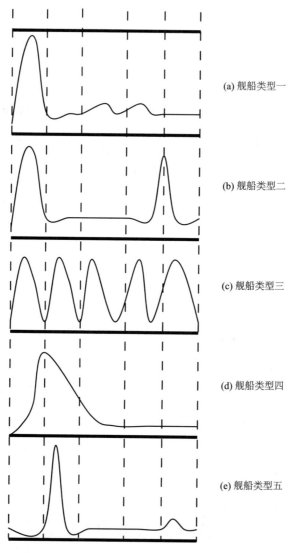

图 8.10　五种典型舰船散射纵剖面投影类型图

8.2.5　基于分级分类信息的分类识别技术

基于分级分类信息的识别基本流程包括：输入 SAR 遥感图像以后进行 DEM 海陆区分，对海域进行目标检测，对每个检测目标进行特征提取，目标特征提取完毕后，进入长度粗分类，将目标分为大、中、小三种类型。在 SAR 遥感图像上小型目标基本无法分类，对于小型目标不做进一步处理，而对于大、中型目标则进行进一步分类。大型目标进入大型军民船分类(区分航空母舰和大型民船，如大型集装箱船和油轮等)。

中型目标进入中型军民船分类，其中中型军民船分类器是区分巡洋舰、驱逐舰和护卫舰等作战舰艇与其他中型的油轮、货轮、集装箱船和其他一些民用船只，而巡洋舰、驱逐舰和护卫舰的区分将借助模型数据库，实现三类船只的区分。其相关分类标准情况如下。

①长度粗分类。长度粗分类器主要依据船只长度将船只划分为大型、中型和小型三类。基于统计信息(来源于《简氏船只年鉴》)，选择长度 250 m 作为划分大型船只的标准，中型船只的划分标准就定为 90~250 m，小于 90 m 的划分为小型船只。

②中型军民船分类。中型军民船分类主要目的是将长度为 90~250 m 的船只区分为军舰和民船。在此长度范围内的军舰和民船的差异主要体现在长宽比、面积长度比和散射特征上。在这三种特征上，散射特征是难以量化的，但也是最稳定的，因此可以利用目标结构散射特征的分类识别技术进行典型船只类型的分类。

此外考虑到军民船在长宽比和面积长度比上有较好的识别效果，也可以采用匹配层融合和求和法则进行分类识别。匹配值采用类中心距离，由于匹配值在长宽比和面积长度比上是不同的量纲和数量级，因此需要进行标准化。标准化采用 Z 值法，设 s 为匹配值，则标准化后的 s' 为

$$s' = \frac{(s - \mu)}{\sigma} \tag{8.2}$$

其中，μ 为匹配值的均值；σ 为匹配值的方差。每一类匹配值采用求和法则计算得到，如式(8.3)所示：

$$s_{军} = s'_{长宽比} + s'_{面积长度比}$$
$$s_{民} = s'_{长宽比} + s'_{面积长度比} \tag{8.3}$$

然后对每一类匹配值进行比较，匹配值大的则判定为该类。

③大型军民船分类。大型军民船分类主要采用排除法进行。现役航空母舰的数量不多，且特征明显，如长度、宽度、长宽比、面积长度比和散射都有明显的特征。散射特征识别同样采用中型军民船分类的方法，在几种散射特征下确定为民船，在其余的散射特征条件下，进行模型数据库匹配，匹配识别方式采用多维度马氏距离判决。对于特定的航空母舰目标，遍历所有模型数据库中的航空母舰类型，对于某类型航空母舰，马氏距离如果在可信度达到 90% 的范围内，可以确定大型目标为该类型航空母舰，否则为民船。

④军舰分类。军舰分类主要是通过遍历模型数据库中的所有军舰类型，计算多维特征马氏距离，若有满足90%可信概率的类别则中断分类，若没有满足的类别，则利用条件概率模型，计算三类军舰的条件概率，取条件概率最大者为该目标类别。

⑤民船分类。民船分类是个暂时无法克服的问题，虽然对于民船不关心，但是其分类还是有一定的价值。民船类别多种多样，建立数据库显然不现实，并且同一类民船的跨度非常大，比如油轮从80 m到230 m都有。因此民船分类器目前仅采用峰值特征进行简单分类，还需要进一步研究。

8.2.6 基于模板匹配的分类识别技术

模板匹配是最常用也是比较有效的一种基于图像的模式识别方法。例如在搜索图8.11中，需要寻找一下有无六边形[图8.11(b)]的目标，在搜索过程中通过相关函数的计算来确定是否存在，以及存在的位置。

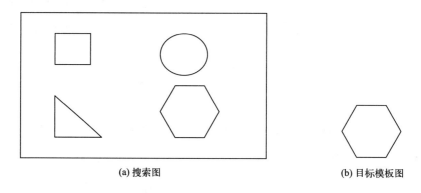

(a) 搜索图　　　　　　　　　　　　(b) 目标模板图

图 8.11　搜索图与目标模板图

设模板 T 叠放在搜索图 S 上平移，模板覆盖下的那块区域叫子图 $S^{i,j}$，i 和 j 为这块子图的左上角像点在 S 图中的坐标，叫参考点，其取值范围 $1 < i, j < N-M+1$，M 和 N 见图8.12。对 T 和 $S^{i,j}$ 的内容进行比较，用下列两种尺度来衡量 T 和 $S^{i,j}$ 的相似程度：

$$D(i, j) = \sum_{M=1}^{M} \sum_{N=1}^{M} \left[S^{i,j}(m, n) - T(m, n) \right]^2 \tag{8.4}$$

或者

$$D(i, j) = \sum_{M=1}^{M} \sum_{N=1}^{M} | S^{i,j}(m, n) - T(m, n) | \tag{8.5}$$

相关函数为：

$$R(i,\ j) = \frac{\displaystyle\sum_{m=1}^{M}\sum_{n=1}^{N} S^{i,\ j}(m,\ n) \times T(m,\ n)}{\sqrt{\displaystyle\sum_{m=1}^{M}\sum_{n=1}^{N}\left[S^{i,\ j}(m,\ n)\right]^2}\ \sqrt{\displaystyle\sum_{m=1}^{M}\sum_{n=1}^{N}\left[T(m,\ n)\right]^2}} \tag{8.6}$$

利用相关函数对图像和模板进行匹配，寻找最大相关值作为识别的依据。

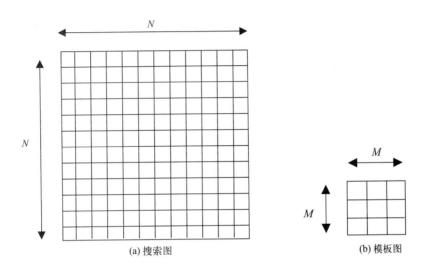

图 8.12　搜索图和模板图

  基于模板匹配的海上舰船目标 SAR 遥感分类识别首先需要建立各个识别目标的模板数据库。以驱逐舰识别器为例，建立每一级驱逐舰模板库。在实际应用中，模板库需要借助 CAD 模型和电磁散射模型等相关物理方法进行仿真，工作量和难度非常大。研究过程中，模板库可采用对 SAR 图像进行旋转和加噪声的方法，构建模板库。图 8.13 是模拟的海上舰船目标在不同角度下的 SAR 遥感图像模板。

  标准模板的建立需要考虑诸多因素，以尽量减少海面噪声等其他因素对图像的影响，最简单的方法是采用二值图像，这种方法也是高分辨率大视角机载 SAR 识别中所常用的。但是考虑到星载 SAR 遥感图像对获得目标的细致的外观信息有较大难度，采用二值图像会抹去目标本身的三维特征，因此最好采用降分辨率模板。建立了初步的模板库以后，识别的方法就是对目标在同一类条件下进行模板逐个匹配达到识别的目标。

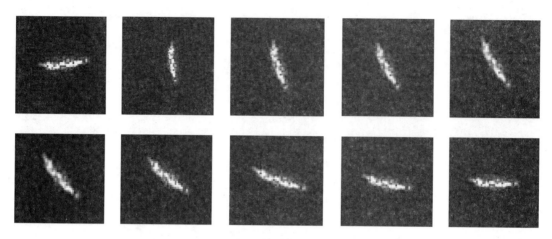

图 8.13　海上舰船目标在不同角度下的模拟 SAR 遥感图像

8.3　SAR 海上舰船目标遥感分类识别应用

8.3.1　实例数据信息简介

为验证 SAR 海上舰船目标分类识别技术的可信度，分别于 2005 年 4 月至 5 月、2005 年 8 月至 9 月在我国近海海域开展了两次地空同步观测试验。SAR 遥感图像分别为 Radarsat-1 SAR 和 ENVISAT ASAR 遥感数据，共计 8 景，其中 Radarsat-1 SAR 5 景，ENVISAT ASAR 3 景，海上舰船信息主要通过 AIS 获取，各类舰船 54 艘，其中军舰 8 艘，民船 46 艘，同时通过航运在线网站，获得了相关舰船的类型和吨位等相关信息。

8.3.2　基于分级分类信息的分类识别应用

基于海上舰船 SAR 遥感图像和利用分级分类信息的识别技术，开展船只分类识别实例研究。第一步，用长度和长宽比分类法。将军舰与大部分民船区分出来，图 8.14 是试验数据在长度和长宽比平面上的分布图，图上灰色点代表军舰，黑色点代表民船。此外，通过长宽比分类结果的概率统计分析，有 12 艘民船被判为军舰。

第二步，依据长度进行分类。根据长度分类结果概率统计分析，12 艘判为军舰民

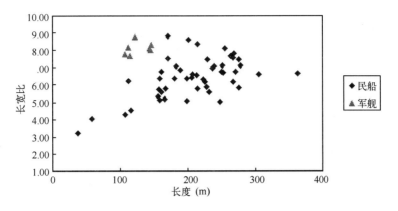

图 8.14 长度和长宽比特征分类图

船中依据长度分类有 8 艘属于军舰的概率较大，另外 4 艘民船分别被误判为 2 艘巡洋舰和 2 艘驱逐舰，8 艘军舰被准确分类。表 8.1 是采用长度和长宽比分类方法的分类结果混淆表，表中清楚反映了分类结果的混淆程度。对于出现误判和疑似为军舰的民船，经分析其原因是长宽比的量测误差较大，如果 SAR 遥感图像分辨率能够提高，这类误差能被有效降低。

表 8.1 长度和长宽比特征分类结果混淆表

	民船	航空母舰	巡洋舰	驱逐舰	护卫舰
民船	42		2		2
航空母舰		0			
巡洋舰			0		
驱逐舰				3	
护卫舰					5

第三步利用长度和结构特征进行分类，类似于长度和长宽比分类法。首先，利用结构特征分类，46 艘民船中有 7 艘被误判为军舰，8 艘军舰被正确分类；其次，利用长度进一步分类，7 艘误判军舰中有 3 艘确认为巡洋舰，1 艘确认为护卫舰，其余 3 艘被重新判为民船。彩图 10 是试验数据在长度和峰值位置平面的分布图。表 8.2 是分类结果混淆表。

表8.2 长度和结构特征分类结果混淆表

	民船	航空母舰	巡洋舰	驱逐舰	护卫舰
民船	42		3		1
航空母舰		0			
巡洋舰			0		
驱逐舰				3	
护卫舰					5

第四步利用长宽比和峰值分类法只能区分军舰和民船。彩图11为试验数据在长宽比和峰值位置平面的分布图。由于上面两种方法显示峰值位置对军舰和民船的区分能力强于长宽比，因此首先采用长宽比进行区分，结果8艘民船被判为军舰，其次采用峰值位置进行区分，有7艘民船被判为军舰，但这7艘与长宽比所判的8艘中没有交集，均被判为民船，而8艘军舰分类准确。表8.3为该方法的分类混淆表。

表8.3 长宽比和结构特征分类结果混淆表

	民船	军舰
民船	46	
军舰		8

以上过程的分类方法都是利用了两种特征，下面利用三种特征来进行分类分析。彩图12是分别以三种特征为轴的三维图。采用三种特征的分类方法有所改变，首先每条船只要接受长宽比特征和峰值特征描述，区分军舰和民船，其交集确认为军舰，送入军舰分类器，如果为了提高警戒级别，可将交集的补集判为疑似军舰，做进一步关注。表8.4显示了该方法能精确地区分军舰和民船。

表8.4 三种特征综合分类结果混淆矩阵

	民船	航空母舰	巡洋舰	驱逐舰	护卫舰
民船	46				
航空母舰		0			
巡洋舰			0		
驱逐舰				3	
护卫舰					5

8.3.3　基于模板匹配的分类识别应用

本研究充分利用两次地空同步观测试验的实例数据，开展了基于模板匹配的分类识别研究，其中，模板库和目标库分别利用观测试验中出现在两景 SAR 遥感图像中的同一条船只来构建。经分析，相邻两天出现在 SAR 遥感图像上的船只共有 4 艘适合做识别试验验证(表 8.5)。

表 8.5　识别验证试验船只信息

船名	卫星名称	出现时间 I	出现时间 II	分辨率(m)
M. T BUNGA TANJUNG.	ENVISAT	08:31	09:01	25
OLYPUS	Radarsat	08:29	08:31	10
TIAN LIN	Radarsat	08:31		10
	ENVISAT		09:01	25
YONG FENG	ENVISAT	08:31	09:01	25

基于表 8.5 给出的 4 艘船只，利用出现时间 I 的船只 SAR 遥感图像建立模板库，出现时间 II 的船只 SAR 遥感图像作为目标。其中，一艘船只的模板库由 12 个模板组成，模板由图像每隔 30°旋转构成，4 个目标共计 48 个模板。分辨率不同的遥感图像则需要对高分辨率遥感图像进行降分辨率处理。

表 8.6 给出了对出现时间 II 的 4 个目标进行匹配识别的结果。有两个目标被准确识别，准确率为 50%。结合表 8.5 进行初步分析，可以认为基于模板匹配的分类识别结果准确率与分辨率有一定关系，高分辨率模板和目标相关系数大，识别准确率高。此外，背景噪声水平也影响识别准确率，当模板和目标的背景能够比较接近其识别准确率较高。

表 8.6 基于模板匹配的分类识别结果

目标名	目标图像	识别结果	结果图像
M. T BUNGA TANJUNG.		YONG FENG	
OLYPUS		OLYPUS	
TIAN LIN		TIAN LIN	
YONG FENG		TIAN LIN	

8.4 小结

SAR 海上舰船目标遥感分类识别是一个非常复杂的问题，很难靠一种算法实现。海上舰船目标除了目标本身的变化外，目标周围环境的变化也会对 SAR 遥感图像产生很大影响，包括朝向、背景、天气和电磁干扰等。此外，遥感成像参数的变化对目标影响也很大，包括极化、视数、分辨率、噪声水平、运动补偿和聚焦误差。

　　目前 SAR 海上舰船目标遥感分类识别离实际应用还有很大差距。基于国内外相关研究成果，结合基于分级分类信息的识别实例应用和基于模板匹配的分类识别实例应用分析认为，未来 SAR 海上舰船目标分类识别研究要更加侧重对目标的特征提取研究，通过多种手段，包括极化雷达、高分辨率雷达和其他遥感手段相结合的方式进行综合研究。

第9章

总结与展望

9.1 总结

海上舰船的监测与监视是世界各沿海国家的传统任务，通过海上舰船监测，能够随时快速准确地获得海上舰船的位置，进而获得舰船的大小、类型、航向和航速等信息。海上舰船目标监测，特别是海上舰船目标分类识别，在海上交通运输、渔业管理、海洋权益维护等方面，以及国防事业发展、领土保卫等军事领域均起着重要的作用。

SAR 具有全天时、全天候、高分辨率、宽刈幅的海洋监测优势，成为海上舰船遥感探测的最有效手段之一，SAR 海上舰船遥感探测也成为 SAR 海洋遥感领域的研究热点，是 SAR 遥感数据最重要的海洋监测应用之一，受到世界各国的广泛关注。

星载 SAR 海上舰船遥感探测研究已有近 40 年的历史。自 1978 年美国宇航局发射 SEASAT-1 卫星以来，科学家们获得了大量高分辨率的 SAR 遥感图像，船体及其船尾迹在一些遥感图像中清晰可见。世界各国相继投入了大量的人力和财力开展了 SAR 遥感图像海面背景分布研究、SAR 海上舰船遥感成像机理、SAR 海上舰船遥感图像特征、SAR 海上舰船目标遥感探测、SAR 海上舰船尾迹遥感探测、SAR 海上舰船特征参数遥感探测和 SAR 海上舰船目标遥感分类识别等方面的研究，SAR 海上舰船遥感探测技术与应用研究得到了迅速发展。

目前，欧空局、加拿大、德国空间局、意大利和中国等国家和地区的 ERS、Radarsat、Envisat、TerraSAR-X、Sentinel-1 A/B、COSMO-SkyMed 和 GF-3 等星载、机载

SAR 传感器获得了大量的海上舰船遥感图像，为开展 SAR 海上舰船遥感探测技术与应用研究提供了丰富的资料，为建立星载 SAR 海上舰船遥感探测识别示范系统奠定了基础，有利于推动 SAR 海洋遥感业务化应用。并且随着 SAR 遥感技术的不断发展，SAR 海上舰船遥感探测必将为有关部门进行大范围、全天候海上舰船监测提供新的技术手段，大大提高海上舰船的监测与监视能力。

9.2 展望

星载 SAR 海上舰船目标遥感探测技术已达到较高的探测精度，但目前的 SAR 海上舰船目标遥感探测技术大都是针对单波段单极化(VV、HH、HV、VH)的 SAR 遥感数据开发的，未来随着卫星 SAR 遥感技术的不断发展，要更多地开展基于多波段、多(全)极化 SAR 和极化干涉 SAR 多参数的海上舰船目标遥感探测技术与应用方面的研究。

星载 SAR 海上舰船目标分类识别具有重要意义，但目前 SAR 海上舰船目标分类识别刚起步，SAR 海上舰船特征参数提取作为其重要的技术手段仍需进一步研究。并且，未来随着新型星载 SAR 传感器的出现和大数据、人工智能的发展，目标检测识别将进入一个新的阶段，这必将推动高分辨率 SAR 海上舰船目标分类识别、星载干涉 SAR 海上舰船目标分类识别和 CAD 建模与电磁散射模型等这三方面研究的投入。

其中，要提高高分辨率 SAR 海上舰船目标分类识别的准确率。就目前分级分类方法的分类识别准确率还不是很高，在很多方面还有待改进和提高，随着 SAR 数据量的不断增加，这方面的需求会越来越迫切，因此需要提高高分辨率 SAR 图像海上舰船目标的识别准确率。其次是星载极化干涉 SAR 的海上舰船目标识别问题。新型的极化干涉 SAR 提供了比普通 SAR 更多的信息。除了几何特征、散射特征外还有极化特征和高程特征，这些特征对于建立船只模型将会有较大帮助，如借助散射机制上的差异，利用极化信息比较精确地区分海面和船只。最后是 CAD 建模与电磁散射模型。美国的 MSTAR 已经开始使用这两项技术进行特征模型匹配，作为先进的 SAR 海上舰船目标分类识别技术的代表，这也将是我国科研工作者进行相关研究的发展方向之一。

参考文献

艾加秋，齐向阳，禹卫东，等. 2010. 一种基于图像分割和归一化灰度 Hough 变换的 SAR 图像舰船尾迹 CFAR 检测算法. 电子与信息学报，32(11)：2 668-2 673.

陈鹏，黄韦艮，傅斌，等. 2005. 一种改进的 CFAR 船只探测方法. 遥感学报，9(3)：260-264.

陈鹏，刘仁义，黄韦艮. 2010. SAR 图像复合分布船只检测模型. 遥感学报，14(3)：552-557.

陈鹏. 2004. 星载合成孔径雷达水面船只遥感探测技术研究. 杭州：国家海洋局第二海洋研究所.

陈鹏，范开国，顾艳镇，等. 2017. 星载合成孔径雷达大气遥感与图像解译. 北京：海洋出版社.

种劲松. 2002. 合成孔径雷达图像舰船目标检测与应用研究. 北京：中国科学院电子学研究所.

种劲松，欧阳越，朱敏慧. 2006. 合成孔径雷达图像海洋目标检测. 北京：海洋出版社.

种劲松，朱慧敏. 2003a. SAR 图像局部窗口 K 分布目标检测算法. 电子与信息学报，25(9)：1 276-1 280.

种劲松，朱敏慧. 2003b. SAR 图像舰船及其尾迹检测研究综述. 电子学报，31(9)：1 356-1 360.

种劲松，朱敏慧. 2003c. SAR 图像舰船目标检测算法的对比研究. 信号处理，19(6).

种劲松，朱敏慧. 2003d. 高分辨率合成孔径雷达图像舰船检测方法. 测试技术学报，17 (1)：15-18.

种劲松，朱敏慧. 2004. 基于归一化灰度 Hough 变化的 SAR 图像舰船尾迹检测算法. 中国图象图形学报，9(2)：146-150.

董庆，郭华东，王长林. 2001. 多波段多极化合成孔径雷达的海洋学应用. 地球科学进展，16：93-97.

范开国，陈鹏，李晓明，等. 2017. 星载合成孔径雷达海洋遥感与图像解译. 北京：海洋出版社.

范开国，徐青，傅斌，等. 2019. 合成孔径雷达海洋遥感导论(下册). 北京：海洋出版社.

范开国，周晓中，徐青，等. 2017. 合成孔径雷达海洋内波遥感探测技术与应用. 北京：海洋出版社.

范义. 2005. 合成孔径雷达图像海面舰船尾迹检测方法研究. 北京：中国科学院电子学研究所.

风宏晓，焦李成，侯彪. 2010. 基于局部平移瑞利分布模型的 SAR 图像相干斑抑制. 电子与信息学报，32(4)：925-931.

冯锦. 2005. SAR 海面回波信号和图像的统计分析与应用. 北京：中国科学院电子学研究所.

冯士筰，李凤歧，李少菁. 1999. 海洋科学导论. 北京：高等教育出版社.

傅斌，范开国，陈鹏，等. 2017. 合成孔径雷达浅海地形遥感探测技术与应用. 北京：海洋出版社.

甘锡林，黄韦艮，杨劲松，等. 2008. Kelvin 尾迹 SAR 多视向的成像仿真. 海洋学研究，26（1）：30-37.

高贵. 2007. SAR 图像目标 ROI 自动获取技术研究. 长沙：国防科学技术大学.

高贵，计科峰，李德仁. 2005. 高分辨率 SAR 图像峰值提取及稳定性分析. 电子与信息学报，27（4）：561-565.

巩彪. 2013. SAR 图像船舶尾迹仿真与探测. 杭州：国家海洋局第二海洋研究所.

郭华东，李新武，王长林，等. 2002. 极化干涉雷达遥感机制及作用. 遥感学报，6（6）：401-405.

郭华东，等. 2000. 雷达对地观测理论与应用. 北京：科学出版社.

韩昭颖，种劲松. 2006. 极北合成孔径雷达图像船舶目标检测算法. 测试技术学报，20（1）：65-70.

何斌，马天予，王运坚，等. 2001. 数字图像处理. 北京：人民邮电出版社.

何宜军. 2000. 成像雷达海浪成像机制. 中国科学（D），30（5）：554-560.

洪方文，常煜. 2005. 均匀流中潜艇水下运动表面尾迹的数值模拟. 船舶力学，9（4）：9-17.

侯海平，陈标，刘翠华. 2007. 海洋背景下开尔文尾迹仿真与分析. 计算机仿真，24（8）：12-15.

侯四过，张红，王超，等. 2002. 基于高斯混合模型的海面运动目标检测. 遥感学报，9（1）：50-55.

黄韦艮，姚鲁，陈鹏. 2007. 水面船只 SAR 探测的极化方式研究. 遥感技术与应用，22（1）：67-69.

贾永红. 2001. 计算机图像处理与分析. 武汉：武汉大学出版社.

蒋定定，许兆林，李开端. 2004. 基于 Radon 变换的 SAR 图像船迹检测研究. 海洋测绘，24（2）：50-52.

金亚秋. 2005. 地海环境种目标检测的微薄遥感信息技术. 遥感技术与应用，20（1）：11-17.

金亚秋. 1993. 电磁散射和热辐射的遥感理论. 北京：科学出版社.

匡纲要，计科峰，粟毅. 2003. SAR 图像自动目标识别研究. 中国图形图象学报，8（10）：1 115-1 119.

朗. 1983. 陆地和海洋的雷达反射特性（中译本）. 北京：国防工业出版社.

李长军，胡应添，陈学诠. 2005. 基于模糊理论的 SAR 图像海上船只检测方法研究. 计算机工程，25（8）：1 954-1 956.

李刚. 1998. 机载高分辨率合成孔径雷达方位向压缩加速板设计及运动目标检测/成像工程应用算法研究. 北京：中国科学院电子学研究所.

李海艳. 2007. 极化 SAR 图像海面船只检测方法研究. 青岛：中国科学院海洋研究所.

李晖，郭晨，李晓方. 2003. 基于 Matlab 的不规则海浪三维仿真. 系统仿真学报，15（7）：1 057-

1 059.

李新武. 2002. 极化干涉 SAR 信息提取方法及其应用研究. 北京：中国科学院电子学研究所.

刘浩，朱敏慧. 2003. 基于频率域的 SAR 图像船只尾迹检测方法//中国科学院电子学研究所 2003 年青
　　年学术交流会. 青年学术交流会文集. 北京：中国科学院电子学研究所.

刘迎春，宋建社，郑永安. 2003. SAR 图像识别提取与特征选择. 航空计算技术，33（4）：55-58.

刘永坦. 1999. 雷达成像技术. 哈尔滨：哈尔滨工业大学出版社.

罗滨逊. 1989. 卫星海洋学（中译本）. 北京：海洋出版社.

马龙，陈文波，戴模. 2005. ENVISAT 的 ASAR 数据产品介绍. 国土资源遥感，（1）：70-71.

彭石宝，袁俊泉，向家彬. 2006. 复杂杂波背景下海洋 SAR 图像中船只目标的检测. 雷达与对抗，1：
　　29-33.

钱忠良，王文军. 1994. 不变矩目标特征描述误差分析和基于上层建筑不变矩的船只识别. 电子测量与
　　仪器学报，8（3）：23-30.

舒士畏，赵立平. 1988. 雷达图像及其应用. 北京：中国铁道出版社.

斯图尔特. 1992. 空间海洋学. 北京：海洋出版社.

宋玮，张杰，姬光荣. 2004. 基于 BP 神经网络的 SAR 影像水面舰船检测. 地球信息科学学报，6（3）：
　　111-114.

粟毅. 2007. SAR 图像特征提取与分类方法研究. 长沙：国防科学技术大学.

孙即祥. 2002. 现代模式识别. 长沙：国防科技大学出版社.

汤立波，李道京，吴一戎，等. 2006. 海面运动船只目标的高分辨率成像. 电子与信息学报，28（4）：
　　624-627.

汤子跃，朱敏慧，王卫延. 2002. 一种 SAR 图像舰船尾迹的 CFAR 检测方法. 电子学报，30（9）：
　　1 336-1 339.

万朋，王建国，黄顺吉. 2000. 基于 Gamma 分布的优化 SAR 目标检测. 系统工程与电子技术，22（12）：
　　21-23.

万朋，王建国，黄顺吉. 2001. SAR 图像目标综合检测方法. 电子学报，29（3）：323-325.

汪炳祥，李国璋，陈伯海. 1997. 海面粗糙度的分析. 海洋学报，19（5）：20-28.

汪长城，廖明生. 2009. 一种多孔径 SAR 图像目标检测方法. 武汉大学学报，34（1）：32-35.

王爱明. 2003. 海洋舰船尾迹合成孔径雷达成像仿真研究. 北京：中国科学院电子学研究所.

王大旗，朱敏慧. 2005. SAR 图像非线性分布目标检测方法研究. 电子与信息学报，27（9）：1 357-
　　1 360.

王辉. 2008. 基于掌纹和手型特征融合的多生物特征识别算法研究. 合肥：中国科学技术大学.

王建明，汪德虎. 2002. 基于小卫星遥感技术的远程船只识别. 海军大连舰艇学院学报，25(3)：25-26.

王娟，慈林林，姚康泽. 2004. 基于尾迹特征的 SAR 图像舰船长度估计. 北京理工大学学报，24(10)：901-904.

王连亮，陈怀新. 2009. 基于递归修正 Hough 变换域的舰船多尾迹检测方法. 系统工程与电子技术，31(4)：834-837.

王培. 2000. SAR 图像中舰船目标的提取及分析方法在 SAR 图像分类中的应用. 电子所论文.

王世庆，金亚秋. 2001. SAR 图像船行尾迹检测的 Radon 变换和形态学图像处理技术. 遥感学报，5(4)：43-49，289-294.

谢明鸿，李文博，罗代升. 2008. SAR 图像目标的方向梯度能量分形特征研究. 光电工程，35(4)：84-90.

徐青，范开国，顾艳镇，等. 2019. 合成孔径雷达海洋遥感导论(上册). 北京：海洋出版社.

闫敬文，王超，卢刚，等. 2001. 一种基于小波变换的 SAR 海洋图像数据增强系统. 海洋学报，23：130-135.

杨士中. 1981. 合成孔径雷达. 北京：国防工业出版社.

杨卫东，张天序，宋成军. 2008. 低分辨率 SAR 图像船只目标检测. 华中科技大学学报，36(2)：78-81.

杨震，杨汝良. 2001. 极化合成孔径雷达干涉技术. 遥感技术与应用，16(3)：139-143.

张冰尘. 1999. 合成孔径雷达实用化运动目标检测和成像技术研究. 北京：中国科学院电子学研究所.

张风丽，张磊，吴炳方. 2007. 欧盟船舶遥感探测技术与系统研究的进展. 遥感学报，11(4)：552-562.

张晰. 2008. 星载 SAR 舰船目标探测实验研究. 青岛：中国海洋大学.

张宇，张永刚，黄韦艮，等. 2003. 一种利用 SAR 图像检测船舶尾迹的方法. 国土资源遥感，(1)：56-58.

郑键，邹焕新. 2006. SAR 海洋图像舰船尾迹检测和定位方法. 系统工程与电子技术，28(4)：533-537.

周红建，陈越，王正志，等. 2000. 应用 RADON 变换方法检测窄 V 形船舶航迹. 中国图象图形学报，5(11)：901-905.

周红建，李相迎，彭雄宏，等. 1999. 从卫星 SAR 海洋图像中检测船目标. 国防科技大学学报，21(1)：67-70.

周红建, 张翠, 王正志, 等. 2000. 从卫星 SAR 海洋图像中检测船目标及其航迹. 宇航学报, 21(4): 117-123.

周红建, 周宗潭, 周蓉蓉, 等. 1999. 利用卫星 SAR 检测海上航行船舶. 遥感技术与应用, 14(4): 10-16.

周红建, 周宗潭, 李相迎, 等. 2000. 一种从 ERS-1 SAR 海洋图像中检测船舶航迹的算法. 遥感学报, 4(1): 55-60.

邹焕新, 蒋泳梅, 匡纲要. 2003. 一种基于斑点抑制的 SAR 图像舰船尾迹检测算法. 电子与信息学报, 25(8): 1 051-1 058.

邹焕新, 匡纲要. 2003. 一种基于矩不变的 SAR 海洋图像船只目标检测算法. 计算机工程, 29(17): 114-116.

邹焕新, 匡纲要, 郁文贤, 等. 2004. 基于特征空间决策的 SAR 图像舰船尾迹检测算法. 系统工程与电子技术, 26(6): 726-730.

邹焕新, 匡纲要, 郁文贤. 2004. 基于特征矢量匹配的 SAR 海洋图像舰船目标检测. 现代雷达, 26(8): 25-29.

邹焕新, 郁文贤, 匡纲要, 等. 2005. 基于峰值点形态信息的 SAR 图像舰船尾迹检测算法. 国防科技大学学报, 27(2): 87-97.

Aksnes K, Eldhuset K, Wahl T. 1986. SAR detection of ships and ship wakes. Tech. Rep. European Space Agency Contract Re. 6. 507/85/F/FL, main Vol.

Alparone L, Baronti S, Carla R, et al. 1996. An adaptive order-statistics filter for SAR images, Int. J. Remote Sensing, 17(7): 1 357-1 365.

Alpers W, Holt B. 1995. Imaging of ocean features by SIR-C/X-SAR: an overview. IEEE, 1 588-1 590.

Baraldi A, Parmiggiani F. 1995. A refined gamma map SAR speckle filter with improved geometrical adaptivity. IEEE Transactions on Geoscience and Remote Sensing, 33(5): 1 245-1 257.

Barrick D E. 1972. First-order theory and analysis of MF/HF/UHF scatter from the sea, IEEE Transactions on Antennas and Propagation, AP-20: 2-10.

Benelli G, Garzelli A, Mecocci A. 1994. Complete processing system that uses fuzzy logic for ship detection in SAR images. IEE Proc. Radar, Sonar Navig., 141(4): 181-186.

Bhanu B, Dudgeon D E, Zelnio E G, et al. 1997. Introduction to the special issue on automatic target detection and recognition. IEEE Trans. on Image Processing, 6(1): 1-6.

Bhanu B, Jones III G. 2000. Recognizing MSTAR target variants and articulations. SPIE, 3721: 507-

519.

Blacknell D. 1994. Comparison of parameter estimators for K-distribution. IEEE Proc. Radar. Sonar Nav., 141(1): 45-52.

Blacknell D, Tough R J A. 2001. Parameter estimation for the K-distribution based on zlog(z). IEE Proc. Radar. Sonar Navi., 148(6): 309-312.

Cameron W L, Leung L K. 1990. Feature motivated polarization scattering matrix decomposition. IEEE International Radar Conference, 549-557.

Casaent D, Su W, Turaga D, et al. 1999. SAR ship detection using new conditional contrast box filter. In: Giglio, Dominick A, (eds). SPIE Conference on Algorithms for Synthetic Aperture Radar Imagery. Washington: SPIE, 274-284.

Cloude S R, Pottier E. 1996. A review of target decomposition theorems in radar polarimetry. IEEE Transactions on Geoscience and Remote Sensing, 34(2): 498-518.

Copeland A C, Ravichan G, Trivedi M M. 1995. Localized radon transform-based detection of ship wakes in SAR images. IEEE Trans. on Geosci. Remote sensing, 33(1): 35-45.

Cusano M, Lichtenegger J, Lombardo P, et al. 2000. A real time operational scheme for ship traffic monitoring using quick look ERS SAR images. IEEE 2000 International Geoscience and Remote Sensing Symposium, 7, 2 918-2 920.

Daniel E, Kreithen, Shawn D, et al. 1993. Discriminating targets from clutter. The Lincoln Laboratory Joumal, 6(1): 25-51.

David C, Wei S, Deepak T. 1999. SAR ship detection using new conditional contrast box filter. SPIE, 3721, 274-284.

Delignon Y, Garello R, Hillion A. 1997. Statistical Modeling of Ocean SAR images [C]. IEE Proc. Radar, Sonar Navig., 144(6): 348-354.

Delignon Y, Pieczynski W. 2002. Modeling non-Reyleigh speckle distribution in SAR images. IEEE Trans. Geosci. Rem. Sen., 40(6): 1 430-1 435.

Derrode S, Mercier G, Caillec G L, et al. 2001. Estimation of sea-ice SAR clutter statistics from pearson's system of distributions, IGASS'01, 190-192.

Diemunsch J, Wissinger J. 1998. Moving and stationary target acquisition and recognition (MSTAR) model-based automatic target recognition: search technology for a robust ATR. Proc. SPIE, 3370: 481-492.

Dudgeon D E, Lacoss R T. 1993. An overview of automatic target recognition. The Lincoln Laboratory Journal,

16(1): 3-10.

Duin R P W. 1976. On the choice of smoothing parameters for parzen estimators of probability density function. IEEE trans. Comput., 27: 1 175-1 179.

Durden S L, Vesecky J F. 1989. On the ability of rough surface scattering approximations to predict hydrodynamics modulation of the ocean radar cross section: a numerical study. Journal of Geophysical Research, 94: 12 703-12 708.

Eldhuset K. 1988. Automated ship and ship wake detection in spaceborne SAR images from coastal regions. Proceedings of IGARSS'1988, 3: 1 529-1 533.

Eldhuset K. 1989. Principles and performance of an automated ship detection system for SAR images. Geoscience and Remote Sensing Symposium, IGARSS'89.

Eldhuset K. 1996. An automatic ship and ship wake detection system for space-borne SAR images in coastal regions, IEEE Trans. On Geosci. Remote sensing, 34: 1 010-1 019.

English R A. 2005. Development of an ATR workbench for SAR imagery. Technical Repot, DRDC, Ottawa.

Evans D L, Farr T G, Vanzyl J J. 1988. Radar polarimetry: Analysis tools and applications. IEEE Trans. Geosci. Rem. Sen., 26 (6): 774-789.

Fan K G, Zhang H G, Liang J J, et al. 2019. Analysis of ship wake features and extraction of ship motion parameters from SAR images in the Yellow Sea. Front. Earth Sci. Http: //doi. lorg/10. 1007/s11707-018-0743-7.

Ferrara M N, Gallon A, Torre A. 1998. Improvement in automatic detection and recognition of moving targets in alenia aerospazio activity. Proceedings of SPIE EUROPTO Conference on Image and Signal Processing for Remote Sensing. 3500, 96-103.

Fitch J P, Lehman S K, Dowla F U. 1991. Ship wake-detection procedure using conjugate gradient trained artificial neural networks. IEEE Trans. on GRS, 29(5): 718-726.

Flett D G, Youden J, Davis S, et al. 2000. Detection and discrimination of icebergs and vessels using Radarsat synthetic aperture radar. Proceeding of the Dsigby Workshop.

Friedman K S, Wackerman C, Funk F, et al. 2001. Validation of a CFAR vessel detection algorithm using known vessel locations. IGARSS01, 4: 1 804-1 806.

Fu L, Holt B. 1982. Seasat views oceans and sea ice with synthetic aperture radar. JPL publications.

Gagnon L, Klepko R. 1998. Hierarchical classifier design for airborne SAR images of ships. Proc. of SPIE.

Gao G, Ji K, Jia C L, et al. 2003. The statistical analysis of SAR target based on the correlation algorithm. In Proc. IEEE on Robotics, Intelligent Systems and Signal, 2: 847-851.

Gasparovic R. 1992. Observation of ship wakes from space. AIAA Space Programs and Technologies Conference, Huntsville. AL. March: 24-27.

Gibbins D, Gray D. 1999. Classifying ships using low resolution maritime radar. ISSPA'99, 325-328.

Gordon, Staples C. 1997. Ship detection using Radarsat SAR imagery. Geomatics in the Era of Radarsat, May 25-30, Ottawa, Canada.

Gouaillier V, Gagnon L. 1998. Ship silhouette recognition using principal component analysis. Proc. of SPIE.

Greidanus H. 2004. Applicability of the K-distribution to Radarsat maritime imagery. IGARSS'04, Anchorage, Alaska, 20-24.

Greidanus H. 2005. Assessing the operationality of ship detection from space. EURISY Symposium.

Greidanus H. 2006. Findings of the DECLIMS project – detection and classification of marine traffic from space. SEASAR 2006: Advances in SAR oceanography from ENVISAT and ERS, ESA-ESRIN, Italy, 23-26 Jan 2006.

Gu D, Phillips O M. 1987. On narrow V-like ship wakes. Journal of Fluid Mechanics, 275: 301-321.

Hendry A, et al. 1988. Automated linear feature detection and its application to curve location in synthetic aperture radar imagery. Proceedings of IGARSS'88. Edinburgh, Scotland: IGARSS, 13-16, 1 521-1 524.

Hennings I, Romeiser R, Alpers W. 1999. Radar imaging of Kelvin arms of ship wakes. International Journal of Remote Sensing, 20: 2 519-2 543.

Henschel M D, Hoyt P A, Stockhausen J H, et al. 1998. Vessel detection with wide area remote sensing. Sea Technology, 39(9): 63-68.

Henschel M D, Olsen R B, Hoyt P. 1997. The ocean monitoring workstation: experience gained with Radarsat. GER'97, 1 206-1 209.

Henschel M D, Hoyt M D P A, Stockhausen J H, et al. 1998. Vessel detection with wide area remote sensing. sea Technology, 39(9).

Henschel M D, Rey M T, Campbell J W M, et al. 1998. Comparison of probability statistics for automated ship detection in SAR imagery. In Proceedings of SPIE, 3491, 986-991.

Henschel M H, Olsen R P, Vachon P W. 1997. The ocean monitoring workstation: experience gained with RADARSAT. Proc, of Geomatics in the Era of RADARSAT, Canadian Center of Remote Sensing, Canada, Ottawa.

Hogan G G, Chapman R D, Ogan G G, et al. 1994. Observations of ship-generated internal waves in SAR images from Loch Linnhe, Scotland, and comparison with theory and in situ internal wave measurements. IEEE Transaction on Geoscience and Remote Sensing: 1 363-1 369.

Hogan G G, Marsden J B. 1991. On the detection of internal waves in high resolution SAR imagery using the hough transform. IEEE: 1 363-1 369.

Hossam O, Li P, Steven D, et al. 1998. Classification of ships in airborne SAR imagery using backpropagation neural networks. Proc. of SPIE.

Howard D, Roberts S C, Brankin R. 1999. Target detection in SAR imagery by genetic programming. Advances in Engineering, software, 30: 303-311.

Huang W G, Chen P. 2004. An improved CFAR model for ship detection in SAR imagery. IGARSS2004, 7: 4 719-4 722.

Hunt E, Angeli S, Newsam G N, et al. 2001. Spase-based synthetic aperture radar surveillance: detection of small targets in a maritime environment, technical report DSTO-TR-0980, Defence Science & Technology Organisation, Australia, 56.

Jahangir M, Blacknell D, White R G. 1996. Accurate approximation to the optimum parameter estimate for K-distributed clutter. IEE Proc. Radar. Sonar Nav., 143(6): 383-390.

Jakeman E, Pusey P N. 1973. The statistics of light scattered by a random phase screen. J. Phys. A: math. Nucl. Gen., 6: 88-92.

Jakeman E, Pusey P N. 1976. A model for non-reyleigh sea echo. IEEE Trans. Antennas and Propagation, AP-24(6): 806-814.

Jao J K. 1984. Amplitude distribution of composite terrain clutter and the K-distritution. IEEE trans. Antennas and Propagation, AP-32(10): 1 049-1 062.

Jiang Q, Aitnouri E, Wang S, et al. 2000. Automatic detection for ships target in SAR imagery using PNN-Model. Canadian Journal of Remote Sensing, 26(4): 297-305.

Jiang Q S, Wang S, Ziou D. 1998. Ship detection in Radarsat SAR imagery. IEEE Proc. SMC'98, 5: 4 562-4 566.

Jordan A K, Lang R H. 1979. Electromagnetic scattering patterns from sinusoidal surfaces [J]. Radio Science, 14(6): 1 077-1 088.

Kasilingam D P, Shemdin O H. 1992. The validity of the composite surface model and its applications to the modulation of radar, J. Remote Sensing, 13: 2 079-2 104.

Kourti N, Shepard I, Schwartz G, et al. 2001. Integrating spaceborne SAR imagery into operational systems for fisheries monitoring. Canadian Journal of Remote Sensing, 27(4): 291–305.

Kuo J M, Chen K S. 2003. The application of wavelets correlator for ship wake detection in SAR images. IEEE Trans. on GRS, 41(6): 1 506–1 511.

Kuttikkad S, Chellappa R. 1994. Non-gaussian CFAR techniques for target detection in high resolution SAR images. Proc. ICIP-1994, 1: 910–914.

Lemoine G. 2005. Vessel detection system, a blueprint for an operational system, Technical Note I. 05. 14, European Commission, Joint Research Centre, 37.

Lemoine G, Chesworth J, Schwartz-Juste G, et al. 2004. Near real time vessel detection using spaceborne SAR imagery in support of fisheries monitoring and control operations. IGARSS'04, 4 825–4 828.

Lemoine G, Greidanus H, Shepherd I, et al. 2005. Developments in satellite fisheries monitoring and control. The 8th International Conference on Remote Sensing for Marine and Coastal Environments. Halifax, Canada.

Lin I, Kwoth L K, Lin Y C, et al. 1997. Ship and ship wake detection in the ERS SAR imagery using computer-based algorithm, IGARSS'97.

Lombardo P, Oliver C J. 1994. Estimation of texture parameters in K-distributed clutter. IEE Proc. Radar. Sonar Nav., 141(4): 196–204.

Lombardo P, Oliver C J, Tough R J A. 1995. Effect of noise on order parameter estimation for K-distributed clutter. IEE Proc. Radar. Sonar Nav., 142(1): 33–40.

Lombardo P, Sciotii M. 2001. Segmentation-based technique for ship detection in SAR images. IEEE Proceedings: Radar, Sonar&Navigation, 148(3): 147–159.

Lombardo P, Sciotti M, Kaplan L M. 2001. SAR Prescreening using both target and shadow information. IEEE National Radar Conference – Proceedings 2001, 147–152.

Lyden J D, Hammond R R. 1988. Synthetic aperture imaging of surface ship wakes. Journal of Geophysical Rearch, 93(C10): 12 293–12 303.

Lyden J D, Lyzenga D R, Shuchman R A. 1986. Analysis of synthetic aperture radar imagery of surface ship wakes. Proceedings of IGARSS'86, Zurich, 801–805.

Mallorqui J J, Rius J M, Bara M. 2002. Simulation of polarimetric SAR vessel signatures for satellite fisheries monitoring. IEEE Geo. Rem. Sen. Symposium, IGARSS'02, 5: 2 711–2 714.

Marcel L, Jean-Pierre C. 2005. Update on kerguelen station operations. The Fourth Meeting of the DECL IMS

Project. Toulouse, France.

Marcel L, Philippe S. 2005. Operational use of ship detection to combat illegal fishing in the Southern Indian Ocean. IGARSS'05, 3, 1 767-1 771.

Margarit G, Fabregas X, Mallorqui J J, et al. 2004. Analysis of the limitations of coherent polarimetric decompositions on vessel classification using simulated images. Geoscience and Remote Sensing Symposium 2004, 4: 2 483-2 486.

Margarit G, Mallorqui J J, Broquetas A. 2007. Single pass polarimetric SAR interferometry for vessel classification. IEEE Trans. Geosci. Remote Sensing, 45(11): 3 494-3 502.

Melsheimer C, Lim H, Shen C M. 1999. Observation and analysis of ship wakes in ERS-SAR and SPOT image, Proceedings of the 20th Asian Conference on Remote Sensing, 22-25.

Mike B, Fred G. 1999. SVM classifier applied to the MSTAR public data set. SPIE, Orlando, 3721(4): 355-359.

Monaldo F M. 2000. The Alaska SAR demonstration and near-real-time synthetic aperture radar winds. Johns Hopkins Applied Physics Laboratory Technical Digest, 21(1): 75-79.

Munk W H. 1987. Ship from space. Proceeding of the Royal Society London. a (412): 231-254.

Murphy L M. 1986. Linear feature detection and enhancement in noisy images via the radon transform. Pattern Recognition Letters, 4(4): 279-284.

Narasimha V P, Vidyadhar R, Rao M, et al. 1995. An adaptive filter for speckle suppression in synthetic aperture radar images. International Journal of Remote Sensing, 16(5): 877-889.

Novak L M. 1997. The automatic target recognition system in SAIP. The Lincoln Laboratory Journal, 10(2): 187-202.

Novak L M, Halversen S D, Owirka G, et al. 1997. Effects of polarization and resolution on SAR ATR. IEEE Trans. on Aerospace and Electronic Systems, 33(1): 102-115.

Olsen R B, Wahl T. 2003. The ship detection capability of ENVISAT's ASAR. IGARSS'03. 5: 3 108-3 111.

Oliver C J. 1993. Optimum texture estimatiors for SAR clutter. J. Physics, 5: 1 824-1 835.

Olsen R B, Wahl T. 2000. The role of wide swath SAR in high 2 latitude coastal management. Johns Hopkins APL Technical D igest, 21(1): 136-140.

Osman H, Blostein S D. 1999. New cost function for backpropagation neural networks with application to SAR imagey classification. SPIE, Orlando, 3718: 110-117.

Ouchi K, Stapleton N R, Barbrb B C. 1997. Multi-frequency SAR images of ship-generated internal waves.

Int. J. Remote Sensing, 18(18): 3 700-3 718.

Oumansour K, Wang Y, Saillard J. 1996. Multifrequency SAR observation of a ship wake. IEEE Proc-Radar, Sonar and Navig, 143(4): 275-280.

Parzen E. 1962. On estimation of a probability density function and mode. Annals of Mathematical Statistics, 33: 1 065-1 076.

Pichel W G, Clemente-Colón P. 2000. Coast watch SAR applications and demonstration. Johns Hopkins Applied Physics Laboratory Technical Digest, 21(1): 49-57.

Pichel W G, Bertoia C, Woert M V. 2004. Routine production of SAR-derived ice and ocean product in the United States. Workshop on Coastal & Marine Applications of Sar.

Pichel W G, Clemente-Colón P, Friedman K S, et al. 2002. NOAA CoastWatch Radarsat-1 SAR coastal monitoring applications demonstrations. IGARSS'02, 714-716.

Quelle H C, Delignon Y, Marzouki A. 1993. Unsupervised bayesian segmentation of SAR images using the Pearson system distributions, IGASS'93, 1 538-1 540.

Quilfen Y. 1993. ERS-1 off-line wind scatterometer products, Technical Report ERS-SCAT/IOA/DOS-01, IFREMER.

Raney R K. 1971. Synthetic aperture imaging radar and moving targets, IEEE Transactions on A. E. S., 7(3): 499-505.

Reed A M, Milgram J H. 2002. Ship wakes and their radar images. Annual review of Fluid Mechanics, 34: 469-502.

Rey M T, Campbell J, Petrovic D. 1998. A comparison of ocean clutter distribution estimators for CFAR-based ship detection in RADARSAT imagery. Report No. 1340, Defence Research Establishment Ottawa, Canada.

Rey M T, Tunaley J K E, Folinsbee J T, et al. 1990. Application of radon transform techniques to wake detection Seasat-A SAR images. IEEE Trans. On GRS, 28(4): 553-560.

Rey M T, Tunaley J K E, Sibbald T. 1993. Use of the dempster-shafer algorithm for the detection of SAR ship wakes. IEEE Transaction on Geos and Res, 31(5): 1 114-1 118.

Rice S O. 1951. Reflection of electromagnetic waves from slightly rough surfaces. Comm. Pure Appl. Math. 4: 351-378.

Richard B, Olsen P, Vachon W. 2001. Special issue on ship detection in coastal waters. Canadian Journal of Remote Sensing, 27(4).

Ringrose R, Harris N. 1999. Ship detection using polarimetric SAR data. CEOS SAR Workshop, ESA-CNES.

Roberts W J J, Furui S. 2000. Maximum likelihood estimation of K-distribution parameters via the expectation-maximization algorithm. IEEE Trans. Signal Processing, 48(12): 3 303-3 306.

Roller W. 2001. Detection and recognition of vehicles in high resolution SAR imagery. SPIE. 4380: 142-152.

RSI. 2000. RADARSAT data products specifications. RSI-GS-026(3).

Saggi M, Boucher J M, Benie G. 1995. Hierarchical filtering of SAR images. IGARSS95, 898-900.

Sandirasegaram N M. 2002. Automatic target recognition in SAR imagery using a MLP neural network. Technical Memorandum of Defence Research and Development Canada. 11.

Sandirasegaram N M. 2005. Spot SAR ATR using wavelet features and neural network classifier. Technical Memoran dum of Defence Research and Development Canada.

Schurmann S R. 1989. Radar characterization of ship wake signatures and ambient ocean cluter features. IEEE Trans. On AESM, 4(8): 3-8.

Schwartz G, Alvarez M, Varfis A, et al. 2002. Elimination of false positives in vessels detection and identification by remote sensing. IGARSS, 1: 116-118.

Sciotti M, Pastina D, Lombardo P. 2001. Polarimetric detectors of extended targets for ship detection in SAR Images. In Proc. IGARSS'01, 7: 3 132-3 134.

Sciotti M, Pastina D, Lombardo P. 2002. Exploiting the polarimetric information for the detection of ship targets in non - homogeneous SAR images, IEEE Geo. Rem. Sen Symposium , IGARSS'02, 3: 1 911-1 913.

Sciott M, Lombardo P. 2001. Ship detection in SAR Images: a segmentation-based approach. IEEE Proc. Radar Conference, 81-86.

Sekine M, Mao H. 1990. Weibull Radar Clutter. IEE. Press, London, UK.

Sethian J A, Adalsteinsson D. 1997. An overview of level set methods for etching, deposition, and lithography development , IEEE Transactions on Semiconductor Manufacturing, 10: 167-184.

Shaw A K, Vashist R. 2000. HRR ATR using eigen templates with noisy observations in unknown target scenario, SPIE, 4053: 467-478.

Shemdin O H. 1990. Synthetic Aperture Radar imaging of ship wakes in the Gulf of Alaska. Journal of Geophysical Research, 95: 16 309-16 338.

Skoelv A, Wahl T, Eriksen S. 1988. Simulation of SAR imaging of ship wakes. Proceedings of IGARSS'88

Symposium, Edinburgh, Scotland, 13-16.

Skolnik M. 1974. An empirical formula for the radar cross section of ships at grazing incidence. IEEE Trans. on Aerospace and Electronic System, 10.

Skolnik M I. 1982. Introduction to Radar Systems . McGraw-Hill Book Company, New York, USA.

Slomka S, Gibbins D, Gray D, et al. 1999. Features for high resolution radar range profile based ship classification, ISSPA'99, 329-332.

Specht D F. 1990. Probabilistic neural network and the polynomial adaline as complementary techniques for classification. IEEE Trans. Neural Networks, 1(1): 111-121.

Stapleton N R. 1997. Ship wakes in radar imagery. Int. J. Remote Sensing, 18(6): 1 381-1 386.

Swanson C V. 1984. Radar observability of ship wakes. Report of Cortana Corporation.

Tello, Marivi, et al. 2005. A novel algorithm for ship detection in SAR imagery based on the wavelet transform, IEEE Geoscience and Remote Sensing Letters, 2: 201-205.

Thompson D R, Jensen J R. 1993. Synthetic aperture radar interferometry applied to ship-generated waves in the 1989 Loch Linnhe experiment. J. Geophys. Res., 98: 10 259-10 269.

Timothy Ross, Stephen Worrell, Vincent Velten, et al. 1998. Standard SAR ATR evaluation experiment using the MSTAR public release data set. SPIE, 370(4): 566-573.

Touzi R. 2000. Calibrated polarimetric SAR data for Ship Detection. IGARSS'00, Honolulu, Hawaii, 144-146.

Touzi R, Charbonneau F. 2002. Characterization of target symmetric scattering using polarimetric SARs. IEEE Transactions on Geoscience and Remote Sensing, 40(11): 2 507-2 516.

Touzi R, Charbonneau F. 2003. The SSCM for ship characterization using polarimetric SARs . IEEE IGARSS'03, Toulouse, France, 1: 194-196.

Touzi R, Charbonneau F. 2004. On the use of permanent symmetric scatterers for ship characterization. IEEE Transactions on Geoscience and Remote Sensing, 40(10): 2 039-2 045.

Touzi R, Charbonneau F, Hawkins R H. 2001. Ship-sea contrast optimization when using polarimetric SAR . IGARSS'01, Sydeney, Australia, 1: 426-428.

Touzi R, Lopes A, Bousquet P. 1988. A statistical and geometrical edge detector for SAR images, IEEE Transactions on Geoscience and Remote Sensing, 26(6): 764-773.

Tunaley J K, Buller E H, Wu K H, et al. 1991. The simulation of the SAR image of a ship wake. IEEE Transaction on Geosciences and Remote Sensing, 29(1): 149-156.

Tunaley J K, Dubois J R, Brian J. 1989. The radar image of the turbulent wake generated by a moving ship., IGARSS'89, 343-346.

Tunaley J K E, Eric H B, Wu K H. 1991. The simulation of the SAR image of a ship wake. IEEE trans. Geoscience and remote sensing, 29(1): 149-156.

Ulaby F T, Dobson M C. 1989. Handbook of radar statistics for terrain. Artech House, Dedham, MA.

Ulaby F T, Elachi C. 1990. Radar polarimetry for geosciences applications. Artech House Inc, Boston, 315-357.

Ulaby F T, Moore R K, Fung A K. 1982. Microwave remote sensing, Active and Passive, Vol I: Microwave remote sensing fundamentals and radiometry. Addison-Wesley, Reading, MA, 1-456.

Ulaby F T, Moore R K, Fung A K. 1987. Microwave Remote Sensing Active and Passive Volume I. II. III.

Vachon P W, Campbell J W M, Bjerkelund C A, et al. 1997. Ship detection by the Radarsat SAR: validation of detection model predictions. Canadian Journal of Remote Sensing, 23(1): 48-59.

Vachon P W, Edel H R, Henschel M D. 2000. Validation of ship detection by the Radarsat SAR and the Ocean monitoring workstration. Canadian Journal of Remote Sensing, 26(3): 200-212.

Vachon P W, Olsen R B. 2000. Ship detection with satellite based sensors: A summary of workshop presentations. Backscatter.

Vachon P W, Raney R K, Emery W J. 1989. A simulation for spaceborne SAR imagery of a distributed, moving scene, IEEE Transactions on Geosciences and Remote Sensing, 27(1): 67-78.

Vincent K, Guillaume H. 2005. Surveillance of coastal and marine offshore areas using satellite imagery. The Fifth Meeting of the DECLIMS Project. Farnborough, UK.

Wackerman C C, Friedman K S, Pichel W G, et al. 2001. Automatic detection of ships in radarsat-1 SAR imagery. Canadian Journal of Remote Sensing, 27(5): 568-577.

Wagner M J. 2003. From ships to shores to satellite images. Sea Technology, 44(3): 38-41.

Wahl T, Eldhuset K, Aksnes K. 1986. SAR detection of ship s and ship wakes. The SAR Applications Workshop, Frascati, Italy.

Wahl T, Eldhuset K, Skoelv K. 1993. Ship traffic monitoring using the ERS-1 SAR. First ERS-1 Symposium-Space at the Service of our Environment, Cannes, France.

Wakerman C C, Friedman K S, Pichel W G. 2001. Automatic ship detection of ships in RADARSAT SAR imagery. Canadian Journal of Remote Sensing, 27(5): 371-378.

Wang H. 1988. Spectral comparisons of ocean waves and Kelvin ship waves, Proceedings of the Seventh Offshore Mechanics and Arctic Engineering Symposium, New York, ASME, 2: 253-261.

Wang Jinfei, Philip J, Howarth. 1990. Use of the hough transform in automated lineament detection. IEEE Transactions on Geosciences and Remote Sensing, 28(4): 561-566.

Ward K D. 1981. Compound representation of high resolution sea clutter, Electron. Lett., 17: 561-563.

William G P, Pablo C C, Wackerman C C, et al. 2004. Ship and wake detection, in "Synthetic aperture radar marine user's manual" (Christopher, R. J. and J. R. Apel, eds.). Washington DC: U. S. Department of Commerce.

Wolfgang R, Elisabeth P, Anton B, et al. 2001. Detection and recognition of vehicles in high-resolution SAR imagery. In Proc. of SPIE, 4380: 142-151.

Yeremy M, Campbell J W M, Mattar K, et al. 2001. Ocean surveillance with polarimetric SAR. Canadian Journal of Remote Sensing, 27(4): 328-344.

Yinan Y, Yuxia Q, Chao L. 2005. Automatic target classification experiments on the MSTAR SAR images. SN PD/SAWN: 2-7, 5.

Yuichi N. 2004. A method of simulating multivariate nonnormal distributions by the pearson distribution system and estimation. Computational Statistics & Data Analysis 47, 1-29.

Zilman G, Miloh T. 1997. Radar backscatter of a V-like ship wake from a sea surface covered by surfactants, Twenty-first symposium on Naval hydrodynamics.

Zito R R. 1984. Amplitude distribution of composite terrain clutter and the k-distribution. IEEE transactions on Antennas and Propagation, AP-32(10): 1 049-1 062.

Zito R R. 1988. The shape of SAR histograms. Computer Vision, Graphics and Image Processing, 43: 281-293.

彩　图

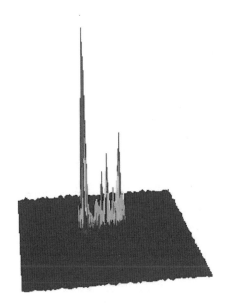

彩图 1　货轮 SAR 遥感图像三维图

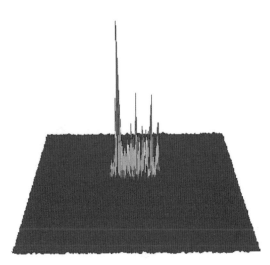

彩图 2　油轮 SAR 遥感图像三维图

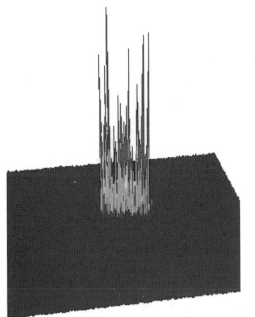

彩图 3　集装箱船 SAR 遥感图像三维图

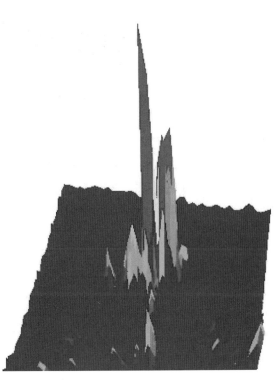

彩图 4　护卫舰 SAR 遥感图像三维图

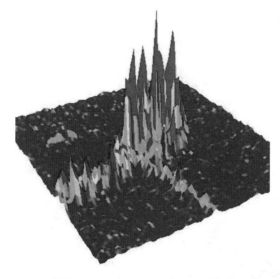

彩图 5　驱逐舰 SAR 遥感图像三维图

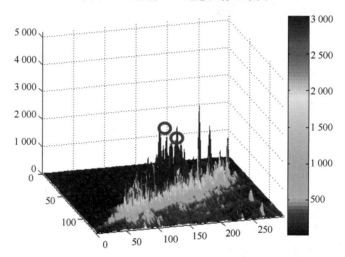

彩图 6　三维峰值模型提取后的多峰值

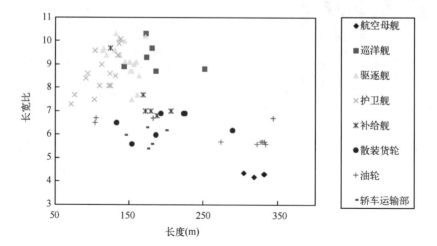

彩图 7　基于长度和长宽比的识别示意图

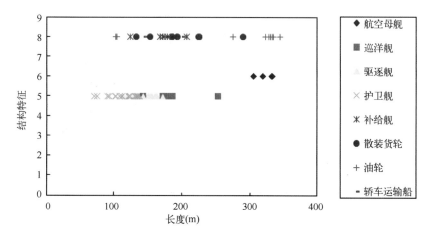

彩图 8　基于长度和结构特征的识别示意图

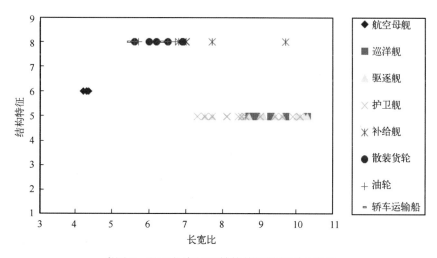

彩图 9　基于长宽比和结构特征的识别示意图

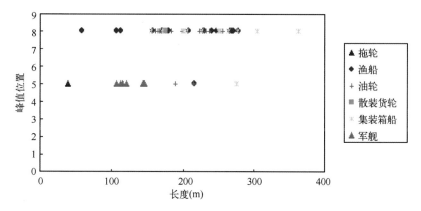

彩图 10　长度和峰值位置特征分类图

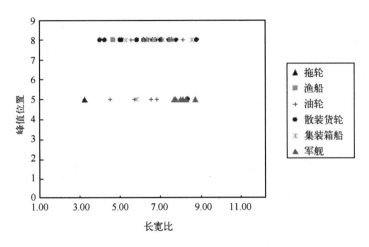

彩图 11　长宽比和峰值位置特征分类表

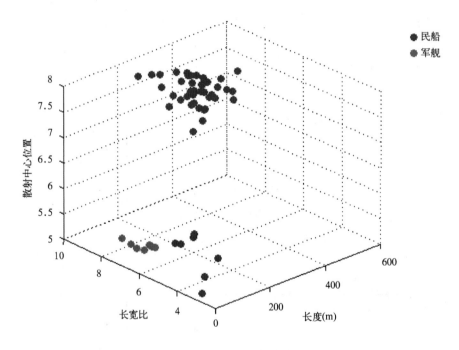

彩图 12　三种特征综合分类三维图